中 等 职 业 学 校 机 电 类 规 划 教 材
ZHONGDENG ZHIYE XUEXIAO JIDIANLEI GUIHUA JIAOCAI

模具制造技术专业系列

冲压工艺与模具结构
（第2版）

欧阳波仪　编著

DIE & MOULD TECHNOLOGY

人民邮电出版社
北 京

图书在版编目（CIP）数据

冲压工艺与模具结构 / 欧阳波仪编著. -- 2版. --
北京：人民邮电出版社，2011.3
中等职业学校机电类规划教材. 模具制造技术专业系
列
ISBN 978-7-115-24215-0

Ⅰ．①冲… Ⅱ．①欧… Ⅲ．①冲压－工艺－专业学校
－教材②冲模－结构设计－专业学校－教材 Ⅳ．
①TG38②TG76

中国版本图书馆CIP数据核字（2011）第007013号

内 容 提 要

本书将理论和实训一体化，全面讲述冲压工艺与模具结构知识。全书分为7个教学项目：冲压加工基础
知识、冲裁工艺与冲裁模、弯曲工艺与弯曲模、拉深工艺与拉深模、成形工艺与模具结构、多工位级进模结
构、冲压工艺规程的编制。每个项目分为多个学习任务，在任务实施前确定学习目标，在实践训练中辅以知
识讲解，每个任务均设计了单独活页型的项目训练记录表，该记录表作为项目训练的作品之一，学生完成后
可以交与老师进行批改。

本书是中等职业技术学校、技工学校模具相关专业的教材，也可以作为短期培训班的教材和工程技术人
员的参考用书。

中等职业学校机电类规划教材

模具制造技术专业系列

冲压工艺与模具结构（第 2 版）

◆ 编　　著　欧阳波仪

责任编辑　李海涛

◆ 人民邮电出版社出版发行　　北京市丰台区成寿寺路 11 号

邮编　100164　　电子邮件　315@ptpress.com.cn
网址　http://www.ptpress.com.cn
北京虎彩文化传播有限公司印刷

◆ 开本：787×1092　1/16

印张：17.25　　　　　　　　　　2011 年 3 月第 2 版
字数：446 千字　　　　　　　　2024 年 9 月北京第 13 次印刷

ISBN 978-7-115-24215-0

定价：29.00 元

读者服务热线：(010)81055256　印装质量热线：(010)81055316
反盗版热线：(010)81055315

中等职业学校机电类规划教材

模具制造技术专业系列教材编委会

丛书前言

我国加入 WTO 以后，国内机械加工行业和电子技术行业得到快速发展。国内机电技术的革新和产业结构的调整成为一种发展趋势。因此，近年来企业对机电人才的需求量逐年上升，对技术工人的专业知识和操作技能也提出了更高的要求。相应地，为满足机电行业对人才的需求，中等职业学校机电类专业的招生规模在不断扩大，教学内容和教学方法也在不断调整。

为了适应机电行业快速发展和中等职业学校机电专业教学改革对教材的需要，我们在全国机电行业和职业教育发展较好的地区进行了广泛调研；以培养技能型人才为出发点，以各地中职教育教研成果为参考，以中职教学需求和教学一线的骨干教师对教材建设的要求为标准，经过充分研讨与精心规划，对《中等职业学校机电类规划教材》进行了改版，改版后的教材包括 6 个系列，分别为《专业基础课程与实训课程系列》、《数控技术应用专业系列》、《模具制造技术专业系列》、《计算机辅助设计与制造系列》、《电子技术应用专业系列》和《机电技术应用专业系列》。

本套教材力求体现国家倡导的"以就业为导向，以能力为本位"的精神，结合职业技能鉴定和中等职业学校双证书的需求，精简整合理论课程，注重实训教学，强化上岗前培训；教材内容统筹规划，合理安排知识点、技能点，避免重复；教学形式生动活泼，以符合中等职业学校学生的认知规律。

本套教材广泛参考了各地中等职业学校的教学计划，面向优秀教师征集编写大纲，并在国内机电行业较发达的地区邀请专家对大纲进行了多次评议及反复论证，尽可能使教材的知识结构和编写方式符合当前中等职业学校机电专业教学的要求。

在作者的选择上，充分考虑了教学和就业的实际需要，邀请活跃在各重点学校教学一线的"双师型"专业骨干教师作为主编。他们具有深厚的教学功底，同时具有实际生产操作的丰富经验，能够准确把握中等职业学校机电专业人才培养的客观需求；他们具有丰富的教材编写经验，能够将中职教学的规律和学生理解知识、掌握技能的特点充分体现在教材中。

为了方便教学，我们免费为选用本套教材的老师提供教学辅助光盘，光盘的内容为教材的习题答案、模拟试卷和电子教案（电子教案为教学提纲与书中重要的图表，以及不便在书中描述的技能要领与实训效果）等教学相关资料，部分教材还配有便于学生理解和操作演练的多媒体课件，以求尽量为教学中的各个环节提供便利。

我们衷心希望本套教材的出版能促进目前中等职业学校的教学工作，并希望能得到职业教育专家和广大师生的批评与指正，以期通过逐步调整、完善和补充，使之更符合中职教学实际。

欢迎广大读者来电来函。

电子函件地址：lihaitao@ptpress.com.cn, liushengping@ptpress.com.cn

读者服务热线：010-67143761, 67132792, 67184065

前　言

近年来，我国冷冲模设计和制造技术水平发展很快，然而一线高级操作人员仍然严重缺乏，而且他们大多是其他行业转岗的人员，缺乏一定的模具结构知识，以致工作适应时间较长。因此，我国模具行业目前需要培养大批掌握模具结构知识并具备相关能力的专门人才，本书正是应此需求而编写的。

全书分为 7 个项目，每个项目根据实训内容分为若干个任务。

项目一：冲压加工及冲压工艺，包括参观冲压车间、分析冲压工序、冲压加工操作，通过学习和训练让学生形成冲压的一些基本概念。

项目二～项目五，分别介绍冲裁、弯曲、拉深以及其他成形工序的工艺特点和典型模具结构。在训练过程中，适当安排了实例演练；为拓宽学生的知识面、培养其职业关键能力，一些"新"、"热"、"实用"的技能被设计为"拓展"内容融入任务内容。

项目六：学习和训练多工位级进模结构，重点介绍多工位级进模的排样和结构。多工位级进模是"十一五"重点发展的模具种类之一，为扩大学生的就业面特别安排了这部分内容。

项目七：借助实例介绍冲压工艺规程的编制，根据工艺特点编制冲压制件的冲压工艺规程，并强调冲压工艺规程表的填写规范。

本书的特点在于：

（1）每个任务以实践或体验观察为主线，其间链接和拓展相关知识，使学生在感性认识的引导下适度学习理论知识，便于老师展开互动教学；

（2）将项目实例分析与实训相结合，力求加强学生动手能力的培养；

（3）重视新技术，重视关键职业能力的培养。

学时分配建议见下表。

序　号	课 程 内 容	学 时 数			
		合　　计	讲　　授	实　　验	复习与评价
1	冲压加工及冲压工艺	6	4	2	—
2	冲裁工艺与冲裁模	18	12	4	2
3	弯曲工艺与弯曲模	16	12	2	2
4	拉深工艺与拉伸模	16	12	2	2
5	成形工艺与模具结构	12	8	2	2
6	多工位级进模结构	6	4	2	—
7	冲压工艺规程的编制	8	4	2	2
	合　计	82	56	16	10

为了培养适合典型岗位需要的优质"蓝领"人才，本书在第 1 版的基础上从中职毕业生所从事的主要工作岗位的典型工作任务分析着手，通过工作过程、知识和能力需求分析，优化了项目训练任务，明确了能力培养目标，充分体现了职业教育教材的能力观、学生观和整体观。

本书由欧阳波仪担任主编，程美、施文龙、周勇和刘建华 4 位老师参与了编写工作。其中项目一～项目五由欧阳波仪编写，项目六和项目七由程美编写，施文龙参与了项目六和项目七的编写。由于编者水平有限，不当之处在所难免，望读者批评指正。

编者
2010 年 11 月

目　录

项目一

冲压加工及冲压工艺

任务一　参观冲压车间

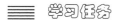 学习任务

参观冲压车间（或观看冲压实况视频），认识冲压加工的操作方法与特点，以及冲压模的结构组成，并完成表 1-1 所示的见习报告。

➤ 学习目标

- 具有分析表达冲压加工过程的能力；
- 具备分析冲压模主要组成的能力；
- 具备分析冲压加工特点的能力。

➤ 设备及工具

- 可供参观的冲压车间（或冲压加工实况视频）；
- 典型冲压模一副；
- 内六角扳手、铜棒、铁锤等模具拆装工具一套；
- 冲裁制件、弯曲制件、拉深制件各若干。

➤ 学习过程

步骤一　参观冲压车间

在老师及车间师傅的带领下参观如图 1-1 所示的冲压车间（或观看教学课件中的冲压加工实况视频）。仔细观察冲压加工需要的设备和工具。在老师和师傅的解说下，理解冲压加工原理，掌握冲压加工的基本概念。

」定义 ∟

冲压加工是利用安装在压力机上的模具，对板料施加压力，使板料在模具里产生变形或分离，从而获得具有一定形状、尺寸和性能的产品零件的生产技术。由于冲压加工通常在常温状态下进行，因此也称为冷冲压。冷冲压是金属压力加工的方法之一，它是建立在金属塑性变形理论基础

上的材料成形工程技术。冲压加工的原材料一般是板料，所以也称为板料冲压。

图 1-1　冲压车间

⌐注意⌐

实训过程中应该严格遵守冲压车间的安全规程，不得随意接触压力机和模具，不得随意与冲床操作工人攀谈。

步骤二　观看冲压模的装配

选定一副典型模具（见图 1-2），由实训指导老师在装配冲压模的同时解说它的主要结构（或观看教学课件中的冲压模具装配视频）。在条件允许的情况下，把它安装在冲床上进行试模。

在认识冲压模的基础上，了解冲压加工是以冲压模的特定形状，通过一定的方式使原材料成形。在冲压零件生产过程中，合理的冲压成形工艺、先进的模具和高效的冲压设备是冲压成形的3 个要素（见图 1-3）。

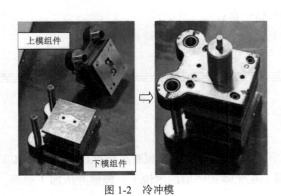

图 1-2　冷冲模

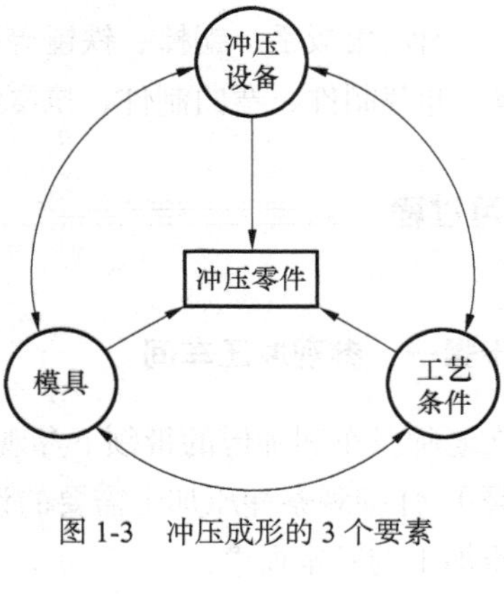

图 1-3　冲压成形的 3 个要素

步骤三　观察冲压制件

观看陈列室或生活中的冲压制件，与车、铣、刨、磨等机械加工方法进行比较，归纳总结冲压加工在技术性和经济性方面的特点。通过实际观察或网络搜索，了解冲压加工的应用。

图 1-4（a）所示的垫圈，它的尺寸精度由模具来保证，质量稳定，互换性好；图 1-4（b）所

示的弯曲制件，如果利用其他加工方法，就不能制造这样的壁薄、重量轻、刚性好、表面质量高、形状复杂的零件；图1-4（c）所示的拉深制件，是用一个圆形薄板材料冲压而成的，不像切削加工那样需要切削大量的金属而造成浪费，它的经济性非常好。

（a）垫圈

（b）弯曲制件

（c）拉深制件

图1-4 不同工序冲压制件

⌐ 小结 ⌐

冲压加工与其他加工方法相比具有以下特点。

① 质量稳定，互换性好。

② 可获得其他加工方法不能制造或很难制造的壁薄、重量轻、刚性好、表面质量高、形状复杂的零件。

③ 一般不需要加热毛坯，也不像切削加工那样，大量切削金属而造成浪费。

④ 普通压力机每分钟可以生产几十件零件，高速压力机每分钟可以生产几百件甚至上千件。所以冲压加工是一种高效率的加工方法。

由于冲压工艺具有上面这些突出的特点，所以它在国民经济各个领域得到了广泛应用（见图1-5）。例如，航空航天、机械、电子信息、交通、兵器、日用电器等产业都使用冲压加工，不但产业界广泛用到它，而且每一个人每一天都与冲压产品发生着联系。

（a）汽车蒙皮

（b）餐具

（c）电器外壳

图1-5 不同行业的冲压制件

⌐ 拓展 ⌐

1. 冲压模的发展

通过阅读、上网查询等方式，了解冲压模技术的发展。

随着工业产品质量的不断提高，冲压产品正呈现多品种、少批量，复杂、大型、精密，更新换代速度快的变化特点，现代冷冲模正朝着以下几个方面发展。

① 发展高效模具。对于大批量生产用模具，应该向高效率发展。例如，为了适应当前高速压力机的使用，应该发展多工位级进模以提高生产率，如图1-6（a）所示的空调翅片级进模。

② 发展简易模具。对于小批量生产用模具，为了降低成本，缩短模具制造周期，应该尽量发

展简易模具和组合模具，如图1-6（b）所示的简易组合模。

③ 发展高寿命模具。高效率的模具必然需要高寿命，否则将造成频繁地拆装和整修模具，或需要更多的备模。为了达到高寿命的要求，除了模具本身结构优化以外，还要开发和创新材料的选用和热处理、表面强化技术，如图1-6（c）所示的电动机铁心硬质合金模。

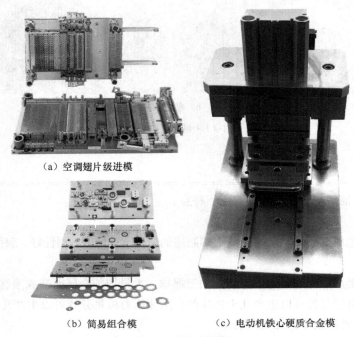

（a）空调翅片级进模

（b）简易组合模　　　　　（c）电动机铁心硬质合金模

图1-6　现代冲压模

④ 发展高精度模具。要实现模具的高精度，在模具设计与制造中一定要采用高精度加工设备和高技术加工工艺。因此，在当今的模具加工业，除了数控机床和加工中心机床外，模具计算机辅助设计（CAD）、计算机辅助分析（CAE）、计算机辅助制造（CAM）、计算机集成制造（CIM）等高新技术也在快速发展。这些技术是提高模具设计与制造精度，提高生产效率，科学管理的有效措施。

2. 我国模具工业水平现状

目前，我国模具工业水平和工业发达国家相比还有一定的距离。生产技术水平的提高需要从下面几个方面着手。

① 把国内模具的品种、数量、质量、寿命、成本、精度、标准化程度和先进国家和地区进行对比分析，找出差距，提出改进措施。

② 不断研制新的模具结构以及新材料、新工艺和新设备。

③ 合理组织和调整生产体系，加强经营管理水平。

④ 大力开展模具标准化和系列化生产。

⑤ 加强人员培训和技术情报交流。

⑥ 坚持先进技术、设备的引进工作。

项 目 训 练

小组研讨、总结学习体会，完成表 1-1 所示的见习报告。

表 1-1   认识冲压加工见习报告

班级_____ 姓名_____ 学号_____	
你所见到的冲压加工是如何操作的	
你所看到的冲压模由哪些部分组成，装配的顺序如何	
列举 10 件以上你所知道的冲压制件	
谈谈在本次学习活动中你的收获	

任务二 分析冲压加工工序

≡≡ 学习任务

观察冲压制件，观看冲压工序视频，学习冲压加工工序，小组讨论并填写表 1-4 所列的冲压制件包含哪些冲压加工工序。

▶ **学习目标**

● 具有冲压工序的种类、特点和应用范围的分析能力；
● 具有冲压制件所需冲压工序的判定能力。

▶ **设备及工具**

落料、冲孔、弯曲、拉深等工序制件若干（或冲压工序视频）。

▶ **学习过程**

冲压加工的零件，由于其形状、尺寸、精度要求、生产批量、原材料性能等各不相同，生产中所使用的工艺方法也就多种多样，概括起来可以分为两大类，即分离工序和变形工序。观察冲压制件（或观看教学课件中的冲压工序视频），掌握不同工序的特点和应用范围。

步骤一 认识分离工序制件

分离工序是使板料按一定的轮廓线分离而得到一定形状、尺寸和切断面质量的冲压件。分离工序分为冲孔、落料、切边等，具体内容见表 1-2。

表 1-2　　　　　　　　　　　　　　　　分 离 工 序

工序名称	简　图	特点及应用范围	应用实例
落料	零件　　　废料	用冲模沿封闭轮廓曲线冲切，封闭线内是制件，封闭线外是废料。用来制造各种形状的平板零件	垫圈外形、定子和转子冲片外形等
冲孔	零件　　　废料	用冲模沿封闭轮廓曲线冲切，封闭线内是废料，封闭线外是制件。用来从零件上去除废料	垫圈内孔、转子内孔、合页螺钉孔等
切断	零件　　　板料	用剪刀或冲模沿不封闭曲线切断，多用来加工形状简单的平板零件	冲压前的剪板、级进模的废料切断等

续表

工序名称	简图	特点及应用范围	应用实例
切边		把成形零件的边缘修切整齐或切成一定形状	电动机外壳的切口、相机外壳切口、水槽切边等
切舌		把材料沿轮廓局部敞开而不是完全分离的一种冲压工序	电源触片、某些级进模定距等
剖切		把冲压加工后的半成品切开，成为两个或数个零件。多用在不对称零件的成双或成组冲压成形之后	

步骤二　认识成形工序制件

成形是使冲压件在不破坏的条件下发生塑性变形，转化成所要求的制件形状。成形工序分为弯曲、拉深、翻孔、翻边、胀形、缩口等，具体内容见表1-3。

表1-3　　　　　　　　　　成形工序

工序名称		简图	特点及应用范围	应用实例
弯曲	角度弯曲		把板材料沿直线弯成各种形状，可以加工形状较复杂的零件	机壳、灯罩、自行车把、电极触片等
	卷圆		把板材料端部卷成接近封闭的圆头，用来加工类似铰链的零件	门合页、铰链、器皿外缘、果汁饮料罐、易拉环等
拉深	不变薄拉深		把板材料毛坯成形成各种开口空心的零件	电动机外壳、饭盆、口杯、瓶盖等
	变薄拉深		把拉深加工后的空心半成品，进一步加工成底部厚度大于侧壁厚度的制件	高压锅、碳酸饮料易拉罐等
翻孔			在板材或半成品上冲制成具有一定高度开口的直壁孔部	各种机壳螺纹孔、冲压件铆接部位等
翻边			在板材料或半成品的边缘按曲线或圆弧开成竖立的边缘	VCD外壳、某些月饼盒等
拉弯			在拉力与弯矩共同作用下实现弯曲变形，可以得到精度较好的制件	车把、车梁、沙滩椅等
胀形			将空心毛坯，成形成各种凸肚曲面形状的制件	围棋盒、铃铛、水管头等

续表

工序名称	简 图	特点及应用范围	应用实例
起伏		在板材毛坯或零件的表面，用局部成形的方法制成各种形状的突起与凹陷	脸盆、车轮挡泥板、电池正极片等
扩口		在空心毛坯或管状毛坯的某个部位，使它的径向尺寸扩大的变形方法	管接头、器皿口部等
缩口		在空心毛坯或管状毛坯的口部，使它的径向尺寸减小的变形方法	水壶、压力容器等
旋压		在旋转状态下，用辊轮使毛坯逐步变形的方法	水壶缩口、弹片等
扭曲		把冲裁后的半成品扭转出一定角度	各种换向传动连杆等

⌐拓展⌐

1. 冲压材料性能要求

选择冲压用的材料，首先要考虑满足冲压件的使用要求。一般来说，对于机器上的主要冲压件，要求材料具有较高的强度和刚度；电动机及电器上的某些冲压件，要求有较高的导电性能和导磁性；汽车、飞机上的冲压件，要求有足够的强度，并尽可能减轻质量；化工容器要求较好的耐腐蚀性。同时，还要满足冲压工艺对材料的要求，以保证冲压过程的顺利完成。总之，冲压材料应该满足以下几个方面的要求。

① 良好的塑性要求。对于冲压成形工序，为了有利于冲压变形和制件质量的提高，材料应该具有：良好的塑性（均匀伸长率 δ_b 较高），较小的屈强比（δ_s/δ_b），板厚方向性系数（r）较高，板平面方向性（Δr）较小，材料的屈服强度与弹性模量的比值（δ_s/E）较小。

对于冲压分离工序，虽然对材料的塑性要求没有成形工序的严格，但是也需要一定的塑性。

② 表面质量的要求。材料的表面应光洁平整，无分层和机械性质的损伤，无锈斑、氧化皮及其他附着物。表面质量的材料，冲压时不容易破裂，不容易擦伤模具，工件表面质量也好。

③ 板料厚度公差的要求。在后续将要学习到模具间隙，一定的模具间隙适用于一定厚度的材料。材料厚度不均匀会使冲压制件出现局部缺陷，直接影响制件的质量，严重的还会损坏模具和压力机。

总之，选择冲压件的材料时要综合考虑各种因素。首先要满足可行性，然后要考虑经济性。

2. 常用冲压材料

实际冲压生产中常用的材料有金属板料和非金属板料，金属板料又分黑色金属板料和有色金属板料两种。冲压板料的常用材料如下所示。

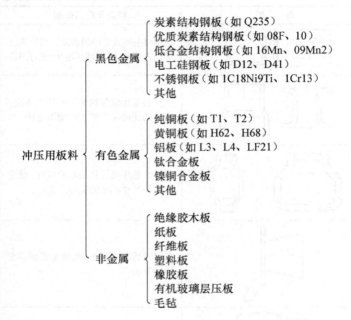

冲压用板料

黑色金属
- 炭素结构钢板（如 Q235）
- 优质炭素结构钢板（如 08F、10）
- 低合金结构钢板（如 16Mn、09Mn2）
- 电工硅钢板（如 D12、D41）
- 不锈钢板（如 1C18Ni9Ti、1Cr13）
- 其他

有色金属
- 纯铜板（如 T1、T2）
- 黄铜板（如 H62、H68）
- 铝板（如 L3、L4、LF21）
- 钛合金板
- 镍铜合金板
- 其他

非金属
- 绝缘胶木板
- 纸板
- 纤维板
- 塑料板
- 橡胶板
- 有机玻璃层压板
- 毛毡

项 目 训 练

小组讨论并填写表 1-4 所列的冲压制件包含哪些冲压加工工序。

表 1-4　　　　　　　　　　　　　　　冲压加工工序判定

冲压制件图	包含的冲压工序	冲压制件图	包含的冲压工序
谈谈在本次学习活动中你的收获			

任务三　冲压加工操作

学习任务

参观常用冲压设备（或观看相关幻灯片），操作曲柄压力机（或观看曲柄压力机视频），掌握曲柄压力机的工作原理及结构特点，在老师或师傅的指导下进行冲压加工操作，并完成实训报告。

▶ 学习目标

- 具有常用冲压设备的种类和应用场合的分析能力；
- 具有曲柄压力机的工作原理和主要机构的分析能力；
- 具有曲柄压力机主要工作参数选定的能力；
- 具备冲压安全的意识。

▶ 设备及工具

- 常用冲压设备（或曲柄压力机视频）；
- 曲柄压力机；
- 冲压模一副；
- 模具拆装必要工具一套。

▶ 学习过程

步骤一　参观常用冲压设备

参观图 1-7 所示的常用冲床，在了解它们各自的结构特点以后，讨论它们各自的应用场合。

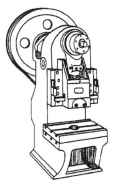 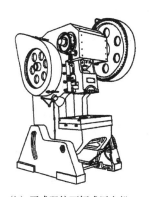 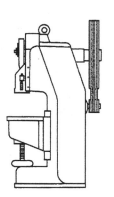 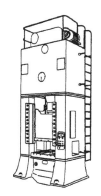

(a) 单柱固定台式压力机　　(b) 开式双柱可倾式压力机　　(c) 升降台式压力机　　(d) 闭式压力机

图 1-7　常用冲床

⌐讲解⌐

冲压加工使用的冲压设备主要是机械压力机，俗称冲床。应用最广泛的机械压力机是曲柄压力机。生产中为了适应不同的工艺要求，采用各种不同类型的曲柄压力机。按机身的结构形式不同，曲柄压力机可以分为开式压力机和闭式压力机。开式压力机的机身形状像英文字母 C，所以也叫做 C 形冲床。开式压力机又可以分为单柱压力机和双柱压力机两种。图 1-7（a）所示为单柱压力机，它的机身是前面和左右三向敞开，但后柱没有开口。图 1-7（b）所示为双柱压力机，它的机身后柱有开口，形成两个立柱，所以叫做双柱压力机。双柱压力机便于向后方排料。此外，开式压力机按照工作台的结构特点又可以分为固定台式压力机（见图 1-7（a））、可倾台式压力机（见图 1-7（b））和升降台式压力机（见图 1-7（c））。

开式压力机机身前面和左右三面敞开，操作空间大，但机身刚度差，压力机在工作负荷的作用下会产生角变形，可能影响精度。所以，这类压力机的吨位都比较小，一般在 2 000kN 以下。

为了满足冲压制件高精度、高压力、高冲次的要求，闭式高速压力机应用越来越广泛。闭式压力机机身左右两侧是封闭的，只能从前后方向接近模具，而且装模距离远，操作不太方便。但其机身形状对称，刚性好，压力机精度高。

另外，常用冲压设备还有液压机、摩擦压力机，这里不再赘述，读者可以通过 Internet 了解。

步骤二　认识曲柄压力机

在老师的指导下进入实训车间，认识图 1-8 所示开式双柱可倾式曲柄压力机的结构（或观看教学课件中的曲柄压力机视频）。

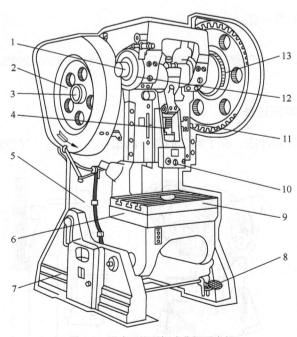

图 1-8　开式双柱可倾式曲柄压力机

1—曲柄　2—皮带轮　3—传动轴　4—连杆　5—床身　6—工作台　7—底座

8—脚踏板　9—工作台垫板　10—滑块　11—大齿轮　12—制动器　13—离合器

开式双柱可倾式曲柄压力机的传动系统是曲柄连杆机构。由老师拆掉一些外罩零件，把控制开关调到手动状态，扳动飞轮，观察它的传动状况。

﹁讲解﹂

曲柄压力机的传动方式如图1-9所示。它的工作原理：曲柄2的右端装有飞轮10，飞轮由电动机9通过减速齿轮传动，并通过与脚踏操纵系统8相连的离合器11的操纵和曲柄2脱离或结合。当离合器结合时，曲柄与飞轮一起转动，位于曲柄前端的连杆3也被带动，而连杆3又和滑块5连接，因为连杆3的运动，滑块5跟随上、下往复运动。上模6固定在滑块5上，下模7固定在压力机工作台上，所以滑块5带动上模6和下模7作用，实现冲压工作。当离合器脱离时，曲柄就停止运动，并且因为制动器12的作用，停转在上死点的位置。

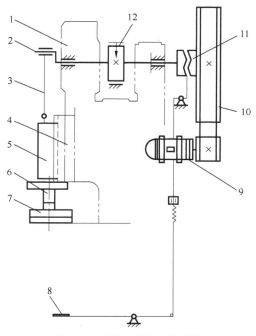

图1-9　曲柄压力机传动示意图

1—机身　2—曲柄　3—连杆　4—导轨　5—滑块　6—上模　7—下模
8—脚踏操纵系统　9—电动机　10—飞轮　11—离合器　12—制动器

﹁小结﹂

从前面介绍的结构组成和工作原理可以看出，曲柄压力机一般由下列基本部分组成。

① 工作机构：一般是曲柄滑块机构，由曲柄、连杆、滑块、导轨等零件构成。它的作用是把传动系统的旋转运动变成滑块的往复直线运动，承受和传递工作压力，在滑块上安装模具。

② 传动系统：包括带传动和齿轮传动等机构。它把电动机的能量和运动传递给工作机构，并且降低电动机的转速，使滑块获得需要的行程次数。

③ 操纵系统：如离合器、制动器及其控制装置。操纵系统用来控制压力机安全、准确地运转。

④ 能源系统：如电动机和飞轮。飞轮能把电动机空程运转时的能量吸收积蓄起来，在冲压时

再释放出来。

⑤ 支撑部件：如机身，把压力机所有的机构联结起来，承受全部工作变形力和各种装置的各个部件的重力，并且保证全机所要求的精度和强度。

此外，曲柄压力机还有各种辅助系统和附属装置，如润滑系统、顶件装置、保护装置、滑块平衡装置、安全装置等。

步骤三　认识曲柄压力机的主要技术参数

压力机是安装冲模的主要设备。每副冲模只能安装在与它相适应的压力机上进行工作。所以，冲模和它使用的压力机关系很密切。

选定一副模具，由老师确认准备进行安装的冲模和它使用的压力机的规格，是否符合规定的工艺要求。这是因为冲模在压力机上工作时，任何工艺上的破坏都可能导致严重事故的发生。

┘讲解└

在安装冲模的同时，通过讨论、提问的方式掌握下列 10 项技术参数。

（1）公称压力和公称压力行程

曲柄压力机的公称压力，就是滑块离下止点前某个特定距离时，滑块上所允许的最大工作压力。这个特定距离叫做公称压力行程。例如，JC23-63 压力机的公称压力是 630kN，公称压力行程是 8mm，这是指这台压力机的滑块在离下止点前 8mm 之内，允许承受的最大压力是 630kN。

（2）滑块行程

图 1-10 所示的 S 是滑块从上止点到下止点所经过的距离。它是曲柄偏心量的 2 倍，它的大小也反映压力机的工作范围。

（3）滑块行程次数

滑块行程次数是指滑块每分钟往复运动的次数。如果是连续作业，它就是每分钟生产工件的个数。所以，行程次数越大，生产率就越高。

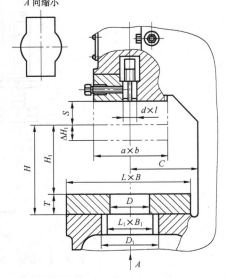

图 1-10　压力机基本参数

（4）最大装模高度和装模高度调节量

装模高度是指滑块在下止点时，滑块下表面到工作台垫板上表面的距离。当使用装模高度调节装置把滑块调整到最高位置时（连杆调至最短），装模高度达到最大值，叫做最大装模高度（图 1-10 中的 H_1）。滑块调整到最低位置时，得到最小装模高度。

（5）工作台板和滑块底面尺寸

工作台板及滑块底面尺寸是指压力机工作空间的平面尺寸。工作台板（垫板）的上平面（安装下模部分）用"左右×前后"的尺寸表示，滑块下平面也用"左右×前后"的尺寸表示。

（6）工作台孔尺寸

工作台孔尺寸 $L_1×B_1$（左右×前后）、D_1（直径），如图 1-10 所示。工作台孔用来排除工件或废料，或安装顶出装置。

（7）立柱间距 A 和喉深 C

立柱间距是指双柱式压力机立柱两内侧面之间的距离。对于开式压力机，立柱间距的值主要关系到后侧排料或出件机构的安装。对于闭式压力机，立柱间距的值直接限制了模具和加工板料的最宽尺寸。

喉深是开式压力机特有的参数，它是指滑块的中心线至机身的前方距离，如图 1-10 中的 C。喉深直接限制加工件的尺寸，也与压力机机身的刚度有关。

（8）模柄孔尺寸

模柄孔尺寸 $d×l$ 是"直径×孔深"，冲模模柄尺寸应和模柄孔尺寸相适应。大型压力机没有模柄孔，而是开设 T 形槽，以 T 形槽螺钉紧固上模。

（9）压力机功率

压力机功率是指压力机使用的电动机功率的大小。

（10）活动横梁的浮动量

压力机一般在滑块上设有顶件装置，如图 1-11 所示。当滑块下行冲压时，由于工件的作用，通过上模中的顶杆 7 使打料横梁在滑块中顶起。当滑块回程上行接近上止点时，打料横梁两端被机身上的挡头螺钉挡住，滑块继续上升，打料横梁就相对于滑块向下运动，推动上模中的顶杆把工件或废料顶出。

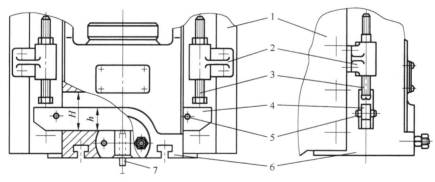

图 1-11　压力机的顶件装置

1—机身　2—挡头座　3—挡头螺钉　4—打料横梁　5—挡销　6—滑块　7—顶杆

⌐ 拓展 ⌐

从上述压力机的主要技术参数可以知道，对冲压压力机的选用，主要应从两方面来考虑：一是根据冲压工序和冲模类型来选择冲压设备类型，即选用哪种压力机比较合适；二是冲压设备规格的选择。其选择原则如下。

1．选择压力机类型

① 中小型冲裁模、拉深模和弯曲模应选用单柱、双柱开式压力机。

② 大中型冲模应选用双柱或四柱压力机。

③ 批量生产及大的自动冲模应选用高速压力机或多工位自动压力机；批量小但材料较厚的大型冲件的冲压，应选用液压机。

④ 校平、校形模应选用大吨位双柱或四柱压力机。

⑤ 大中型拉深模应选用双动或三动压力机，冷挤压模或精冲模应选用专用冷挤压机或专用精冲机。

⑥ 多孔电子仪器板件冲裁，最好选用冲模回转头压力机。

选择压力机要根据本厂现有设备情况，尽量根据实际需要，按照设备条件设计冲模的结构。

2. 选择压力机规格

① 压力机的公称压力应为计算压力（模具冲压力）的1.2～1.3倍。

② 压力机的行程应满足制品高度尺寸要求，并保证冲压后制品能顺利地从模具中取出，尤其是弯曲、拉深件。

③ 压力机的装模高度应大于冲模的闭合高度，即 $H_1-5 \geq h \geq H_1+\Delta H_1+10$。

④ 压力机的工作台尺寸、滑块底面尺寸应满足模具的正确安装。漏料孔的尺寸应大于制品和废料尺寸或能使其通过。

⑤ 压力机的行程次数（滑块每分钟冲压次数）应符合生产率和材料变形速度的要求。

⑥ 根据工作类别和零件冲压性质，压力机应备有特殊装置和夹具，如缓冲器、顶出装置、送料和卸料装置。

⑦ 压力机的电动机功率应大于冲压需要的功率。

⑧ 压力机应保证使用方便、安全。

步骤四　冲压加工操作

（1）进入车间前的准备工作

进入冲压车间工作前，务必穿戴好规定的劳动护具，穿好工作服、工作鞋，戴上工作帽和手套，如图1-12所示。严禁挽袖子、穿拖鞋或高跟鞋、穿裙子、赤膊，并须经老师检查合格后才可进入车间。

（2）冲压前的准备工作

在老师的指导下，将模具安装于压力机上，并且做好如下6步检查工作。

① 检查安全操作工具或安全装置是否完好，工位布置是否符合工艺要求，工位器具是否完好齐全。

② 检查设备和模具的紧固情况。一些关键部位的紧固装置必须在开机之前重新紧固（见图1-3）。

图1-12　进入车间时的穿戴要求

图1-13　紧固状况检查

③ 清理压力机工作台台面和工作地周围的废料及杂物，并将模具和工作台擦干净（见图 1-14）。

④ 检查润滑系统有无堵塞或缺油，并按规定润滑机床（见图 1-15）。

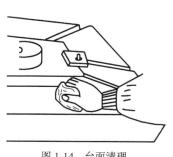

图 1-14　台面清理

图 1-15　润滑机床

⑤ 在开动压力机前，必须检查是否有检修人员在维修（见图 1-16）。

⑥ 检查局部照明情况，试车检查机床离合器、制动器按钮、脚踏开关及拉杆是否灵活好用。

（3）开机操作的安全规程

冲压断指事件屡见不鲜，主要原因有工作时精力不集中，操作不规范，合作不协调等。因此，开机操作必须遵守以下安全规程。

① 工作时精神要集中，严禁打闹、说笑、打瞌睡等。注意滑块运行方向，以免滑块下行时，手误入冲模内。

② 安装模具时必须将压力机的电器开关调到手动位置（见图 1-17），然后将滑块开到下死点，高度必须正确。严禁使用脚踏开关。

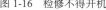

图 1-16　检修不得开机

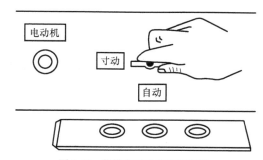

图 1-17　装模在手动状态下进行

③ 按照老师制订的规范操作，没有保护措施不准连车生产。

④ 在生产中发现机床运行不正常时立即停车，并及时报告指导老师。

⑤ 滑块下行时，操作人员的手不得停在危险区内（见图 1-18）。当手从冲模内取件或往冲模送料时，不准踏下脚踏开关。

⑥ 滑块运行中，不准手扶打料杆、导柱和冲模危险区域（见图 1-19）。

⑦ 每加工一个零件后，脚或手要离开操纵机构，以免在取送料时因误动而发生事故（见图 1-20）。

⑧ 按工艺要求使用手工工具，如用电磁吸具、镊子、空气吸盘、钳子、钩子送料或取件，以防发生事故（见图 1-21）。

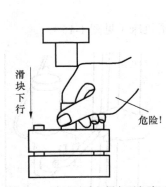

图 1-18　冲压时手必须离开危险区

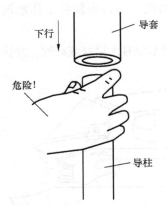

图 1-19　冲压时手必须离开危险区

图 1-20　脚离开脚踏开关

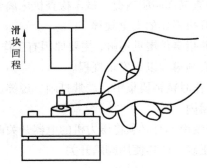

图 1-21　借助工具取件

（4）下班前的维护工作

① 关闭电源开关。对于有缓冲器的压力机，要放出缓冲器内的空气，关闭气阀（见图 1-22）。

② 在模具工作部位涂上机械油（见图 1-23）。

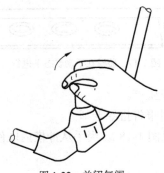

图 1-22　关闭气阀

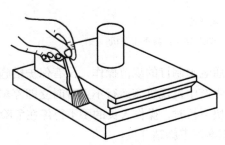

图 1-23　涂抹机械油

项 目 训 练

小组研讨、总结学习体会，完成表 1-5 所示的实训报告。

表 1-5   冲压加工操作实训报告

班级_____ 姓名_____ 学号_____	
参考图 1-8，对照图 1-9，用自己的语言组织叙述曲柄压力机的传动原理	
所选模具的高度大于压力机最大装模高度会出现什么情况	
模具需要的压力大于压力机公称压力会出现什么情况	

查阅相关资料，通过讨论、归纳、总结得出冲压断指事件的主要原因	
用自己的语言叙述冲压操作的流程	
讨论模具保养工作的基本要点	
谈谈在本次学习活动中你的收获	

项目二

冲裁工艺与冲裁模

任务一　冲裁加工操作

学习任务

　　进行简单冲裁模具的加工操作（或观看其工作动画），分析模具的工作原理和过程，小组讨论冲裁变形的特点和影响冲裁质量的因素，完成表 2-1 所示的实训报告。

> **学习目标**

- 具有简单冲裁模结构特点的分析能力；
- 具有冲裁模具冲裁工作过程的描述能力；
- 具有分析冲裁断面特征的能力；
- 具有冲裁变形特点和影响冲裁质量因素的分析能力。

> **设备及工具**

- 图 2-1 所示的简单冲裁模一副（或简单冲裁模图纸）；
- 冲床及相关的工具；
- 条料若干。

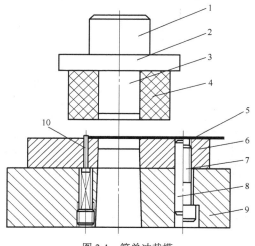

图 2-1　简单冲裁模

1—模柄　2—上模座　3—凸模　4—卸料橡皮　5—板料　6—凹模　7—内六角螺钉　8—销钉　9—下模座　10—挡料销

> **学习过程**

步骤一　认识简单冲裁模结构

在老师的指导下，分组拆卸简单冲裁模，理解模具结构，并能正确地组装模具（或识读图 2-1 所示的模具图）。

⌐ 讨论 ∟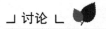

这副模具由上模和下模构成。用模柄安装在压力机滑块上随滑块一起运动的部分叫做上模，由模柄 1、上模座 2、凸模 3 和卸料橡皮 4 构成。固定在工作台上的部分叫做下模，由凹模 6、下模座 9、挡料销 10、内六角螺钉 7 等构成。

步骤二　观察冲裁模工作过程

在老师的指导下，把模具正确安装在冲床上。首先，不启动电源，而是扳动冲床飞轮，观察模具合模过程；接着，启动电源进行冲压，在老师的讲解下理解这副模具工作的 4 个过程（或观看图 2-1 所示模具的工作动画）。

⌐ 讨论 ∟

该模具在冲床上的工作过程如图 2-2 所示，可分为如下 4 个步骤。

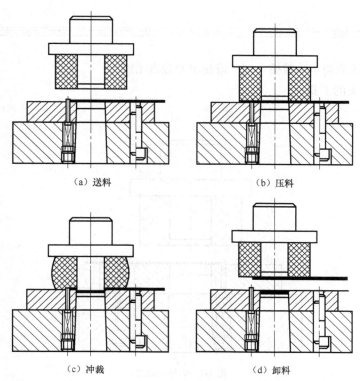

（a）送料　　　　　　　　　　（b）压料

（c）冲裁　　　　　　　　　　（d）卸料

图 2-2　冲裁模工作过程

① 开模状态下,把扳料送进,抵住挡料销。

② 上模下行,首先接触板料的是卸料橡皮,橡皮受压反弹力压料。

③ 上模继续下行,凸模和凹模刃口把板料切断,上模到达下止点;落料件将卡在凹模刃口中,废料箍在凸模上。

④ 上模上行,卸料橡皮回弹,箍在凸模上的废料在卸料橡皮的回弹作用下剥落下来。卡在凹模中的落料件在下一次冲裁的推力作用下从下模漏出。

步骤三 讨论冲裁变形过程

冲裁的变形过程非常复杂,经实践、研究表明,如果凸模、凹模之间间隙正常,冲裁变形过程大致可分为 3 个阶段。

⌐ 讲解 ∟

(1)弹性变形阶段(见图 2-3(a))

在凸模压力作用下,材料产生弹性压缩和拉伸变形,凹模上的板料则向上翘曲,间隙越大,弯曲和上翘越严重。同时,凸模稍微挤入板料上部,板料的下部则稍微挤入凹模洞口,但材料的应力没有超过材料的弹性极限。

(2)塑性变形阶段(见图 2-3(b))

因为板料发生弯曲,凸模沿环形带 b 继续加压,当材料内的应力达到屈服强度时,就开始进入塑性变形阶段。凸模挤入板料上部,同时板料下部挤入凹模洞口,形成光亮的塑性剪切面。随凸模挤入板料深度的增大,塑性变形程度增大,变形区材料硬化加剧,冲裁变形力不断增大,直到刃口附近侧面的材料由于拉应力的作用出现微裂纹时,塑性变形阶段结束,此时冲裁变形力达到最大值。由于凸模与凹模间有间隙,所以在这个阶段中冲裁区还伴随着发生金属的弯曲和拉伸。间隙越大,弯曲和拉伸也越大。

(3)断裂分离阶段(见图 2-3(c)、(d)、(e))

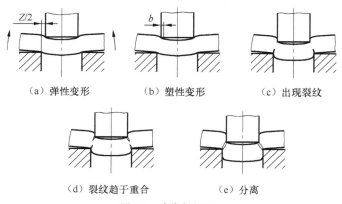

(a)弹性变形　　　(b)塑性变形　　　(c)出现裂纹

(d)裂纹趋于重合　　　(e)分离

图 2-3 冲裁变形过程

材料内裂纹首先在凹模刃口附近的侧面产生,紧接着才在凸模刃口附近的侧面产生。已形成的上下微裂纹随凸模继续压入,随最大剪应力方向不断向材料内部扩展。当上下裂纹重合时,板料就被剪断分离。随后,凸模将分离的材料推入凹模洞口。

步骤四　观察冲裁断面特征

取出条料及落料件，观察冲裁断面特征，发现冲裁件切断面的状况如图 2-4 所示，具有明显的区域性特征，由圆角带、光亮带、断裂带和毛刺 4 个部分组成。

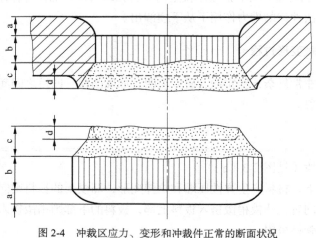

图 2-4　冲裁区应力、变形和冲裁件正常的断面状况

a—圆角带　b—光亮带　c—断裂带　d—毛刺

圆角带 a：它是冲裁过程中刃口附近的材料被拉入变形的结果。

光亮带 b：它是在塑性变形过程中凸模挤压切入材料作用形成的，具备明显的金属光泽，并且与表面的垂直度较好，通常是测量带面，影响着制件的尺寸精度。

断裂带 c：它是由刃口处的裂纹扩展形成的。

毛刺 d：它是间隙中存在的材料被拉出来而形成的。

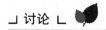 讨论

要提高冲裁件的断面质量，就要增大光亮带，缩小圆角带和毛刺高度。影响冲裁件断面质量的因素有材料力学性能、模具间隙、刃口状况等，其中模具间隙影响最大（见图 2-5）。

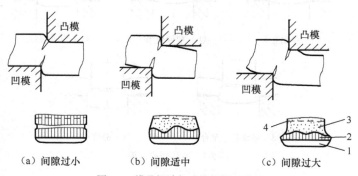

（a）间隙过小　　　　（b）间隙适中　　　　（c）间隙过大

图 2-5　模具间隙与冲裁件断面质量

1—圆角带　2—光亮带　3—断裂带　4—毛刺

模具间隙适中时，冲裁时上下刃口处产生的剪裂纹基本重合，此时制件断面光亮带占截面的

1/3～2/5，切断面的圆角、毛刺和斜度都很小，完全可以满足一般冲裁的要求。

模具间隙过小时，凸模刃口处的裂纹比合理间隙时向外错开一段距离。上下裂纹之间的材料，随冲裁的进行将被第二次剪切，然后被凸模挤入凹模洞口，这样制件断面会出现二次光亮带。

模具间隙过大时，凸模刃口处的裂纹比合理间隙时向内错开一段距离，塑性变形阶段较早结束，致使断面光亮带减小，圆角和斜度增大，形成厚而大的拉长毛刺。

⌐ 拓展 ∟

因为冲裁断面存在区域性特征，在冲裁件尺寸的测量和使用中，都是以光亮带的尺寸为基准。冲裁件的尺寸精度是指冲裁件的实际尺寸和基本尺寸的差值，差值越小，则精度越高。冲裁件的尺寸精度主要和模具的制造精度、间隙大小、材料的机械性能、制件的相对厚度、冲裁件的尺寸和形状有关。

材料比较软，则冲裁的同时伴随的弹性变形量较小，冲裁后的弹性回复值也较小，因而尺寸精度较高，反之则较低；材料相对厚度 t/D 越大，弹性变形量越小，因而制件的精度也越高；制件尺寸越小，形状越简单，模具精度越容易保证，则尺寸精度越高。对冲裁件尺寸精度影响最大的是模具制造精度及凸、凹模的间隙。

（1）模具制造精度的影响

模具制造精度，包括工作零件的尺寸精度、表面质量、装配精度，坯料在模具中的定位精度等因素，对冲裁件的尺寸精度影响非常大。经验表明，模具制造精度对冲裁尺寸精度的影响还与板料厚度相关，为保证冲裁件的尺寸精度，冲裁件的公差等级不能太高，一般不高于IT11级。具体为：落料件公差等级最好低于IT10级，冲孔件公差等级最好低于IT9级。

（2）模具间隙的影响

冲裁件产生偏离凸、凹模尺寸偏差的原因，是冲裁塑性剪切的同时会伴随有弹性变形，材料的纤维在冲裁时产生的纤维伸长和翘曲变形，都要在冲裁结束后产生弹性回复，导致制件尺寸与工作零件尺寸有偏差。主要表现为：落料时，如果间隙过大，材料除受剪切外，还产生拉伸弹性变形，冲裁后由于"回弹"将使制件尺寸有所减小，减小的程度随着间隙的增大而增加；如果间隙过小，材料除受剪切外，还产生压缩弹性变形，冲裁后由于"回弹"而使制件尺寸所有增大，增大的程度随着间隙的减小而增加。冲孔时的情况与落料时相反，即间隙过大，使冲孔尺寸增大；间隙过小，使冲孔尺寸减小。

项 目 训 练

小组研讨、总结学习体会，完成表 2-1 所示的实训报告。

表 2-1   冲裁加工操作实训报告

班级_____ 姓名_____ 学号_____	
简单描述图 2-1 所示模具结构的组成	
简单描述图 2-1 所示冲裁模的工作过程	
小组讨论冲裁变形与冲裁断面质量的关系	
谈谈在本次学习活动中你的收获	

任务二 计算冲裁刃口尺寸

学习任务

学习冲裁间隙的确定方法，通过实例练习刃口尺寸的计算，完成表 2-4 中制件冲裁刃口尺寸的计算。

> **学习目标**

- 具有设定冲裁间隙的能力；
- 具有计算冲裁刃口尺寸的能力；
- 具有确定冲裁刃口公差的能力。

> **设备及工具**

- 图 2-6 所示的止动片冲裁模一副（或止动片冲裁模图纸）；

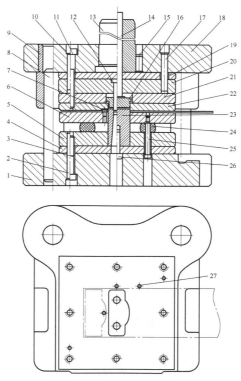

图 2-6 止动片冲裁模总装图

1—下模座 2—销钉 3—螺钉 4—下垫板 5—凹模固定板 6—卸料板 7—固定挡料销 8—导柱 9—导套 10—销钉
11—螺钉 12—冲孔凸模 13—模柄 14—打杆 15—防转销 16—顶件块 17—销钉 18—上模座 19—上垫板
20—凸模固定板 21—中间板 22—落料凹模 23—凸凹模 24—卸料橡胶 25—卸料螺钉 26—螺钉 27—导料销

● 厚度为 2mm、宽度为 70mm 的 Q235 钢，以及 16Mn、40 钢等材料的条料各一块（长度大于 100mm）；

● 冲床、游标卡尺、计算器、放大镜、拆卸工具等。

▶ 学习过程

步骤一　讨论冲裁间隙影响因素

在老师的指导下，把模具正确安装在冲床上，试冲压不同材料、不同厚度的条料，得到图 2-7 所示的制件（或观看教学课件中的冲压制件图片）。把试冲得到的不同制件在放大镜下进行仔细比较，重点观察断面毛刺高度和断面质量。

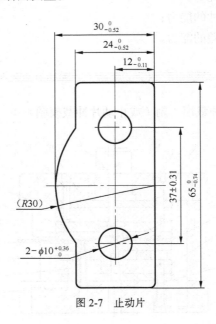

图 2-7　止动片

⌐ 讨论 ⌐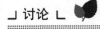

通过观察可以发现，不同材料的制件质量差别比较大。这是因为不同材料、不同厚度的条料所需要的间隙是不同的，如前所述断面质量受冲裁间隙大小的影响很大。表 2-2 所示为实际生产中的经验值，不同材料、不同厚度选用的间隙大小是不同的。

表 2-2　　　　　　　　　　　　　　冲裁模初始用间隙

材料厚度	08、10、35 09Mn、Q235		16Mn		40、50		65Mn	
	Z_{min}	Z_{max}	Z_{min}	Z_{max}	Z_{min}	Z_{max}	Z_{min}	Z_{max}
小于 0.5	极 小 间 隙							
0.5	0.040	0.060	0.040	0.060	0.040	0.060	0.040	0.060
0.6	0.048	0.072	0.048	0.072	0.480	0.072	0.048	0.072
0.7	0.064	0.092	0.064	0.092	0.640	0.092	0.064	0.092
0.8	0.072	0.104	0.072	0.104	0.720	0.104	0.072	0.092

材料厚度	08、10、35 09Mn、Q235		16Mn		40、50		65Mn	
	Z_{min}	Z_{max}	Z_{min}	Z_{max}	Z_{min}	Z_{max}	Z_{min}	Z_{max}
小于0.5	极 小 间 隙							
0.9	0.092	0.126	0.090	0.126	0.090	0.126	0.090	0.126
1.0	0.100	0.140	0.100	0.140	0.100	0.140	0.090	0.126
1.2	0.126	0.180	0.132	0.180	0.132	0.180		
1.5	0.132	0.240	0.170	0.240	0.170	0.240		
1.75	0.220	0.320	0.220	0.320	0.220	0.320		
2.0	0.246	0.360	0.260	0.380	0.260	0.380		
2.1	0.260	0.380	0.280	0.400	0.280	0.400		
2.5	0.260	0.500	0.380	0.540	0.380	0.540		
2.75	0.400	0.560	0.420	0.600	0.420	0.600		
3.0	0.460	0.640	0.480	0.660	0.480	0.660		
3.5	0.540	0.740	0.580	0.780	0.580	0.780		
4.0	0.610	0.880	0.680	0.920	0.680	0.920		
4.5	0.720	1.000	0.680	0.960	0.780	1.040		
5.5	0.940	1.280	0.780	1.100	0.980	1.320		
6.0	1.080	1.440	0.840	1.200	0.140	1.500		
6.5			0.940	1.300				
8.0			1.200	1.680				

注：冲裁皮革、石棉和纸板时，间隙取08号钢的25%。

⌐ 定义 ⌐
....

冲裁间隙是指凸模、凹模工作部分尺寸之差（称双边间隙 Z），即

$$Z = D_A - d_T \qquad (2\text{-}1)$$

式中：Z——双面间隙；

　　D_A——凹模刃口尺寸；

　　d_T——凸模刃口尺寸。

冲裁间隙除了可以用双边间隙表示外，还可以用单边间隙（C）表示，它们的关系为 $C=Z/2$。在设计中，结构对称且简单的冲裁轮廓，用双边间隙来表示；形状复杂的，为方便 CAD 设计，常用单边间隙来表示。

步骤二　讨论冲裁间隙的确定

分组将凸凹模和凹模拆卸下来，测量落料凸模和凹模的刃口尺寸，计算出该模具的间隙值，并与表 2-2 进行比较，判断该间隙是否适合 2mm 厚的 Q235 钢。

⌐ 讲解 ⌐
....

因为冲裁过程中可变因素很多，所以无法确定一个同时满足所有理想要求的间隙值。生产中通常是选择一个适当的范围作为合理间隙，只要模具间隙在这个范围内就可以冲出合格制件。这个范围的最小值称为最小合理间隙 Z_{min}，最大值称为最大合理间隙 Z_{max}。确定模具间隙应当遵循以下两个原则。

① 确定的模具间隙满足 $Z_{min} \leqslant Z \leqslant Z_{max}$。

② 考虑到模具在使用过程中的逐步磨损，新的模具间隙尽量采用 Z_{min}。

冲裁间隙可以通过理论计算的方法获得，但是过程非常复杂，实际生产中往往应用查表法。查表法是指根据材料种类、厚度等信息查表 2-2，获得最大和最小间隙值。

实例

图 2-8 所示为止动片冲裁模的落料凹模刃口基本尺寸，已知零件材料是 10 号钢，厚度是 2.5mm，试求配作凸模的刃口基本尺寸。

解：① 查表 2-1 可知：

$$冲裁间隙 \quad Z_{max} = 0.5mm \quad Z_{min} = 0.26mm$$

$$取 Z = 0.3mm$$

② 如图 2-8 所示，在凹模刃口图上画出凸模刃口的假想线，可知凸模刃口基本尺寸为

$$A_{64.73} = 64.73 - 0.3 = 64.43mm$$

$$A_{29.76} = 29.76 - 0.3 = 29.46mm$$

$$A_{23.76} = 23.76 - 0.3 = 23.46mm$$

$$A_{29.73} = 29.73 - 0.15 = 29.58mm$$

③ 求出凸模刃口基本尺寸如图 2-9 所示。

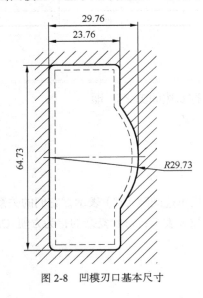

图 2-8　凹模刃口基本尺寸

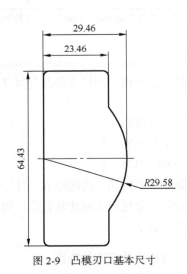

图 2-9　凸模刃口基本尺寸

步骤三　练习刃口基本尺寸计算

凸模和凹模的刃口尺寸和公差，直接影响冲裁件的尺寸精度。模具的合理间隙值也靠凸模、凹模刃口尺寸及其公差来保证。因此，正确确定凸模与凹模刃口尺寸和公差，对尺寸精度和模具寿命相当重要。模具刃口尺寸包括刃口基本尺寸和刃口尺寸偏差两部分。

确定刃口尺寸的方法比较多，常用的方法是公式计算法，即利用制件的尺寸计算出基准件的基本尺寸和偏差，再根据间隙计算出另一件的尺寸和偏差。

在老师的指导下，利用下面所介绍的方法，正确计算出图 2-8 所示止动片的冲裁模刃口尺寸，并和测量的凸凹模和凹模刃口尺寸进行比较。

┛讲解┗ 🔦

冲裁件尺寸的测量和使用,都以光亮带的尺寸为基准。如图 2-10 所示,落料时,落料件因光亮带尺寸与凹模尺寸相等(或基本一致)而卡在凹模孔口中,所以应先确定凹模刃口尺寸,即以凹模尺寸为基准。又因为落料件尺寸会随凹模刃口的磨损而增大,为保证凹模磨损到一定程度仍能冲出合格零件,故落料凹模基本尺寸应取工件尺寸公差范围内较小的尺寸,而落料凸模基本尺寸则可以按凹模基本尺寸减最小初始间隙得出。

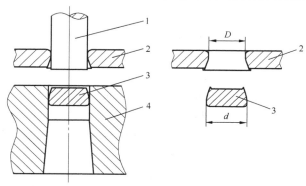

图 2-10 模具刃口与冲裁断面尺寸关系

1—凸模 2—冲裁件 3—落料件 4—凹模

冲孔时,冲孔件因光亮带尺寸与凸模尺寸相等(或基本一致)而箍在凸模上,所以应先确定凸模尺寸,即以凸模尺寸为基准。又因为冲孔件尺寸会随凸模刃口的磨损而减小,为保证凸模磨损到一定程度仍能冲出合格零件,故冲孔凸模基本尺寸应取工件尺寸公差范围内较大的尺寸,而冲孔凹模基本尺寸则可以按凸模基本尺寸加最小初始间隙得出。

冲裁时,凸模、凹模刃口(见图 2-11)与制件或废料发生摩擦,刃口尺寸有的越磨越小,如图中尺寸 A、B、H;有的越磨越大,如图中尺寸 D、E、F;在磨损均匀的情况下有的尺寸磨损后尺寸不发生变化,如图中尺寸 C、G。因此,为了在凸模、凹模刃口磨损到一定程度的情况下,模具仍能冲出合格的制件,在设计基准刃口(落料时指凹模刃口,冲孔时指凸模刃口)时,应分 3 种情况进行设计。

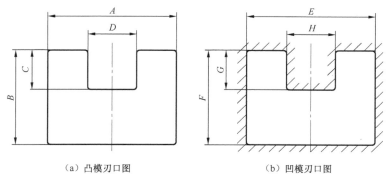

(a)凸模刃口图　　　　　　　　(b)凹模刃口图

图 2-11 凸模、凹模刃口图

① 当基准刃口磨损尺寸变小时,新的基准刃口基本尺寸 A 应接近或等于制件的最大极限尺寸;设制件的尺寸为 D_{-b}^{+a},则基准刃口基本尺寸 A 为

$$A = d_{\min} + x\Delta = D - b + x(a+b) \tag{2-2}$$

② 当基准刃口尺寸磨损变大时,基准刃口基本尺寸 A 应接近或等于制件的最小极限尺寸;设制件的尺寸为 D_{-b}^{+a},则基准刃口基本尺寸 A 为

$$A = D_{\max} - x\Delta = D + a - x(a+b) \tag{2-3}$$

③ 当基准刃口尺寸磨损后不变时,基准刃口基本尺寸 A 应等于制件的最小极限尺寸加公差的一半;设制件的尺寸为 D_{-b}^{+a},则基准刃口基本尺寸 A 为

$$A = d_{\min} + \frac{1}{2}\Delta = D - b + \frac{1}{2}(a+b) \qquad (2\text{-}4)$$

式中：A——基准刃口基本尺寸；

D——制件的基本尺寸；

a——制件的上偏差值；

b——制件的下偏差值；

Δ——制件公差；

$D_{\max}$——制件的最大极限尺寸；

$d_{\min}$——制件的最小极限尺寸；

x——系数，为了使冲裁件的实际尺寸尽量接近制件公差带在 0.5～1 之间取值，可查表 2-3。

表 2-3 系数 x

材料厚度 t	非 圆 形			圆 形	
	1	0.75	0.5	0.75	0.5
	工件公差 Δ				
<1	≤0.16	0.17～0.35	≥0.36	<0.16	≥0.16
1～2	≤0.20	0.21～0.41	≥0.42	<0.20	≥0.20
2～4	≤0.24	0.25～0.49	≥0.50	<0.24	≥0.24
>4	≤0.30	0.31～0.59	≥0.60	<0.30	≥0.30

另外，没有标注公差的制件尺寸属于自由公差，按 IT14～IT18 处理。在实际生产中，落料时，凹模刃口的基本尺寸直接等于制件尺寸；冲孔时，凸模刃口的基本尺寸直接等于制件尺寸。

⌐ 实例 ∟

图 2-12 所示为电子元件夹片，制件材料是黄铜（H62），厚度为 1.0mm。试求凸模和凹模刃口基本尺寸。

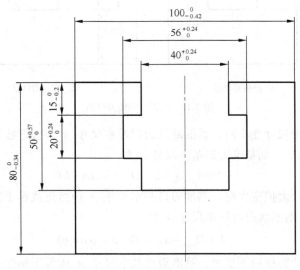

图 2-12 制件尺寸图

解：① 该制件是落料件，故以凹模为基准；

② 根据电器仪表行业凸模和凹模间隙经验值，得 $Z_{min} = 0.05$mm，$Z_{max} = 0.07$mm，初始间隙取 $Z = 0.05$mm。

③ 列表计算。

工件尺寸	磨损变化	Δ	x	A_a	A_t
$100_{-0.42}^{0}$	变大	0.42	0.75	$D_{max} - x\Delta = 100 - 0.315 = 99.685$	$A_a - Z = 99.635$
$80_{-0.34}^{0}$	变大	0.34	0.75	$D_{max} - x\Delta = 80 - 0.255 = 79.745$	$A_a - Z = 79.695$
$15_{-0.2}^{0}$	变大	0.2	1	$D_{max} - x\Delta = 15 - 0.2 = 14.8$	$A_a - Z = 14.75$
$56_{0}^{+0.24}$	变小	0.24	0.75	$d_{min} + x\Delta = 56 + 0.18 = 56.18$	$A_a + Z = 56.23$
$40_{0}^{+0.24}$	变小	0.24	0.75	$d_{min} + x\Delta = 40 + 0.18 = 40.18$	$A_a + Z = 40.23$
$20_{0}^{+0.24}$	变小	0.24	0.75	$d_{min} + x\Delta = 20 + 0.18 = 20.18$	$A_a + Z = 20.23$
$50_{0}^{+0.57}$	不变	0.57	$\dfrac{1}{2}$	$d_{min} + \dfrac{1}{2}\Delta = 50 + 0.285 = 50.285$	$A_t = A_a = 50.285$

④ 绘制凸模、凹模刃口基本尺寸，如图 2-13 所示。

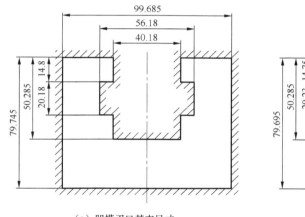

（a）凹模刃口基本尺寸

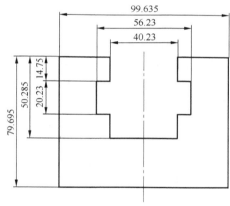

（b）凸模刃口基本尺寸

图 2-13 凸模与凹模刃口基本尺寸

步骤四 确定刃口尺寸偏差

⌐ 讲解 ∟

凸模、凹模刃口尺寸除了基本尺寸，还包括偏差，偏差标注的合理与否直接影响模具制造精度。在标注模具刃口尺寸偏差时，一般按"入体"原则标注。所谓"入体"原则是指标注工件尺寸偏差时应向材料实体方向单向标注，轴尺寸（被包容尺寸，也可以理解为磨损后实体变小的尺寸）按基轴制标注，上偏差为零，下偏差为负，即 $d_{-\Delta}^{0}$；孔尺寸（包容件尺寸，也可理解为磨损后实体变小的尺寸）按基孔制标注，上偏差为正，下偏差为零，即 $D_{0}^{+\Delta}$；对于中心距等尺寸（可以理解为实体磨损后尺寸不变的情况）标注采用对称标，即 $A \pm \dfrac{\Delta}{2}$。

在实际制造中，为减少模具刃口制造误差对间隙的影响，有分开加工和配合加工两种加工方法。其中配合加工法应用最广泛，这种方法是先做好基准件，然后用这种基准件的实际尺寸来配作加工另外一件，使它们之间保持一定的间隙。因此，只在基准件上标注尺寸和制造公差，另一件只标注公称尺寸并注明要求配作的间隙值，这样 δ_t、δ_a 就不再受间隙限制。根据经验，普通模具的制造公差一般可取 $\delta = \dfrac{\Delta}{4}$。

⌐ 实例 ⌐

图 2-14 所示为山形铁心片尺寸图，材料为硅钢，厚度为 0.5mm，试计算冲裁凸模、凹模的刃口尺寸。

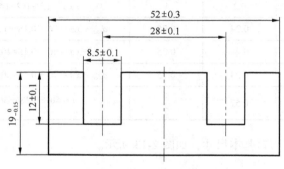

图 2-14　制件尺寸图

解：① 该制件是落料件，故以凹模为基准。

② 查表 2-2 得：$Z_{min}=0.025$，$Z_{max}=0.035$，取 $Z=0.025$mm。

③ 该制件形状较复杂，适合用配合加工法，列表计算如下。

工件尺寸	磨损变化	Δ	x	A_a'	A_t'	δ_a	A_B
52 ± 0.3	变大	0.6	0.5	52	51.975	$\dfrac{\Delta}{4}=0.15$	$52^{+0.15}_{0}$
$19^{0}_{-0.15}$	变大	0.15	1	18.85	18.825	$\dfrac{\Delta}{4}=0.037$	$18.85^{+0.037}_{0}$
8.5 ± 0.1	变小	0.2	0.75	8.55	8.575	$\dfrac{\Delta}{4}=0.05$	$8.55^{+0.05}_{0}$
12 ± 0.1	不变	0.2	$\dfrac{1}{2}$	12		$\dfrac{\Delta}{8}=0.025$	12 ± 0.025
28 ± 0.1	不变	0.2	$\dfrac{1}{2}$	28		$\dfrac{\Delta}{8}=0.025$	28 ± 0.025

④ 凸模刃口尺寸按凹模刃口实际尺寸配作，保证双边间隙 $Z=0.025$mm。

综上所述，配合加工计算刃口尺寸的步骤如下。

a. 判断基准。冲孔以凸模为基准，落料以凹模为基准。

b. 确定间隙。查表或采用经验值法，获得 Z_{max} 和 Z_{min}，取 $Z_{min} \leqslant Z \leqslant Z_{max}$。

c. 计算基本尺寸。

d. 确定偏差。磨损有变化的 $\delta = \dfrac{\Delta}{4}$，磨损无变化的 $\delta = \pm \dfrac{\Delta}{8}$。

e. 标注基准的尺寸。根据入体原则标注偏差。

f. 配作说明。说明另一件以基准的实际尺寸配作，保证双面间隙。

项 目 训 练

小组研讨、总结学习体会，计算表 2-4 中连接片的刃口尺寸。

表 2-4   刃口尺寸计算实训报告

班级_____　　姓名_____　　学号_____

图 2-15 所示为连接片零件图，材料为 Q235，材料厚度为 1.2mm，试计算凸模、凹模的刃口尺寸。

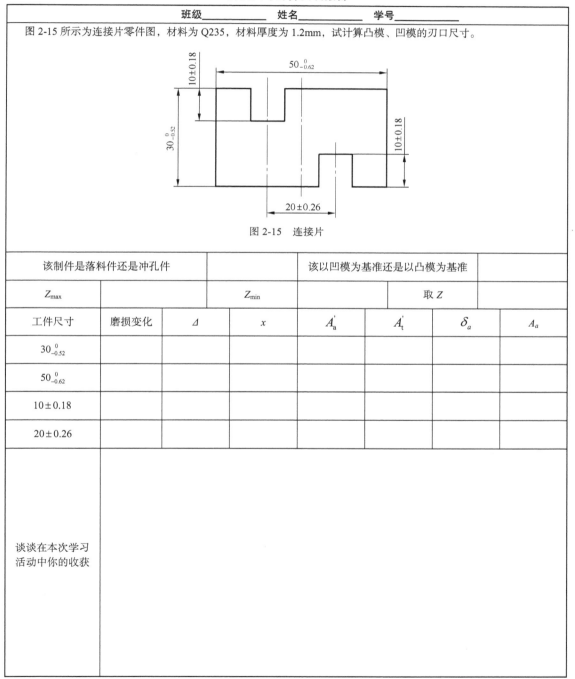

图 2-15 连接片

该制件是落料件还是冲孔件				该以凹模为基准还是以凸模为基准			
Z_{max}		Z_{min}			取 Z		
工件尺寸	磨损变化	Δ	x	$A_a^{'}$	$A_t^{'}$	δ_a	A_a
$30_{-0.52}^{0}$							
$50_{-0.62}^{0}$							
10 ± 0.18							
20 ± 0.26							
谈谈在本次学习活动中你的收获							

任务三 绘制冲裁排样图

学习任务

通过学习材料利用率的计算、搭边值的确定、排样方式设计，绘制表 2-7 中接触环的冲裁排样图。

▶ 学习目标

- 具有降耗节能的意识；
- 具有提高材料利用设计排样的能力；
- 具有确定搭边值大小的能力；
- 具有绘制标准排样图的能力。

▶ 设备及工具

- 排样实物一条（或排样图片）；
- 游标卡尺等测量仪器。

▶ 学习过程

步骤一　计算材料利用率

在冲压生产中，材料的费用要占整个工件成本费用的 60%～80%，所以，材料的合理利用是降低冲压制件成本最有效的办法之一。在老师的指导下，测量并计算图 2-16 所示排样的利用率。

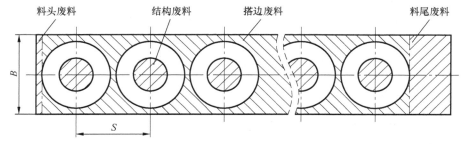

图 2-16　一个步距内的材料利用率

严格地说，材料的利用率是指所有冲裁件的实际面积和所用板料面积的百分比。但是，实际生产中为计算方便，往往用一个步距内的材料利用率 η 来衡量。如图 2-17 所示，材料利用率 η 可

以用下式表示：

$$\eta = \frac{A}{BS} \times 100\%$$ （2-5）

式中：A——一个步距内冲裁件的实际面积；

B——条料宽度；

S——步距。

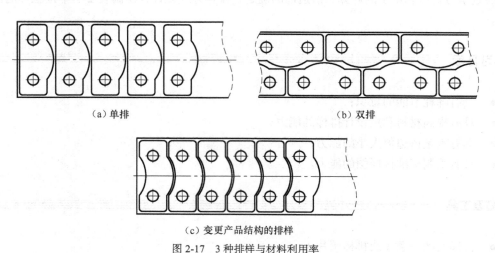

（a）单排　　　　　　　　　　　（b）双排

（c）变更产品结构的排样

图2-17　3种排样与材料利用率

步骤二　讨论材料利用率

比较图2-17所示的3种排样形式，试讨论哪种排样的材料利用率高。

┘ 讨论 └

如图2-16所示，冲裁条料上的废料包括结构废料、搭边废料（制件和制件之间的距离以及制件和条料边缘的距离）、料头废料和料尾废料4种。其中搭边废料、料头废料和料尾废料统称为工艺废料，而结构废料是制件形状设计所产生的废料（也称设计废料），这种废料无法避免。所以要提高材料利用率，必须选用合理的排样，选择合适的板料规格和合理的裁板方法（减少料头、料尾和边余料），减少工艺废料，确定合理的排样方案。图2-17所示冲裁制件的3种排样，其材料利用率依次为50%、70%、80%（第3种是变更了产品结构的排样）。

步骤三　确定搭边值

比较图2-18所示的各种排样形式，讨论它们的特点和搭边的确定方法。

┘ 讨论 └

图2-18中标识的a_1和a分别为冲裁件和冲裁件之间以及冲裁件和条料侧边之间留出的距离，这种距离称为搭边。搭边值的大小对制品质量和模具寿命都有很大影响。在选用时，搭边数值不能过大或过小。如果选取值过大，则材料利用率会降低；如果选取值太小，在冲裁中会将材料拉断，使制件产生毛刺，有时还会将拉断的材料挤入凹模和凸模中间，损坏模具刃口，降低模具寿

命。通常，搭边值是由经验确定的。对于低碳钢材料，设计时可以参考表2-5。

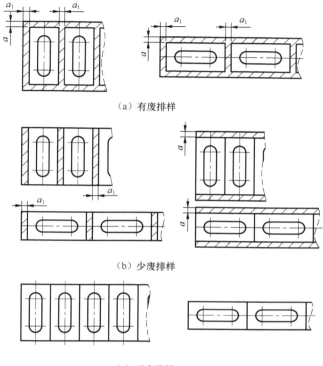

（a）有废排样

（b）少废排样

（c）无废排样

图 2-18　排样形式

表 2-5　　　　　　　　　　　　　　低碳钢搭边数值

材料厚度 t	圆件及 r>2t 的圆角		矩形件边长 L<50mm		矩形件边长 L>50mm 或圆角 r<2t	
	工件间 a_1	侧面 a	工件间 a_1	侧面 a	工件间 a_1	侧面 a
0.25 以下	1.8	2.0	2.2	2.5	2.8	3.0
0.25～0.5	1.2	1.5	1.8	2.0	2.2	2.5
0.5～0.8	1.0	1.2	1.5	1.8	1.8	2.0
0.8～1.2	0.8	1.0	1.2	1.5	1.5	1.8
1.2～1.6	1.0	1.2	1.5	1.8	1.8	2.0
1.6～2.0	1.2	1.5	1.8	2.0	2.0	2.2
2.0～2.5	1.5	1.8	2.0	2.2	2.2	2.5
2.5～3.0	1.8	2.2	2.2	2.5	2.5	2.8
3.0～3.5	2.2	2.5	2.5	2.8	2.8	3.2
3.5～4.0	2.5	2.8	2.8	3.2	3.2	3.5
4.0～5.0	3.0	3.5	3.5	4.0	4.0	4.5
5.0～12	0.6t	0.7t	0.7t	0.8t	0.8t	0.9t

图 2-18 所示的不同排样方式有如下特点。

① 有废排样是沿制品零件的全部外形冲裁，四周有一定的余料，或者说搭边 a 与 a_1 均有的排样。这种排样材料利用率较低，但是制品质量和精度均能得到充分保证，冲模的寿命相应提高，多适用于形状复杂而精度要求较高的制品冲压。

② 少废排样沿制品部分外形冲裁，只有少部分余料，即 a 或 a_1 搭边只有一个。这种排样利用率较高，具有一次能冲裁多个制品零件和简化模具结构、降低冲裁力等优点，但是只能保证一个方向的制品尺寸精度。

③ 无废排样是整个冲压过程中，只有料头和料尾废料以及结构废料的材料损失，而中间没有废料出现。这种排样材料的利用率非常高，能简化模具结构，降低冲裁力，但是制品的尺寸精度差，只适用于比较贵重，且冲裁尺寸精度要求不高的金属材料。

⅃ 拓展 ⌐

制件按在板料上的布置方法加以分类，主要形式如表 2-6 所示。

表 2-6 　　　　　　　　　　　　　　　　　排样主要形式分类

排样形式	有 废 排 样		少废、无废排样	
	简 图	应 用	简 图	应 用
直排		用于简单几何形状（方形、矩形、圆形）的冲件		用于矩形或方形冲件
斜排		用于 T 形、L 形、S 形、十字形、椭圆形冲件		用于 L 形或其他形状的冲件，在外形上允许有不大的缺陷
直对排		用于 T 形、山形、梯形、三角形、半圆形的冲件		用于 T 形、山形、梯形、三角形零件，在外形上允许有不大的缺陷
斜对排		用于材料利用率比直对排时高的情况		多用于 T 形冲件
混合排		用于材料及厚度都相同的两种以上的冲件		用于两个外形互相嵌入的不同冲件（如铰链）
多排		用于大批生产中尺寸不大的圆形、六角形、方形、矩形冲件		用于大批生产中尺寸不大的方形、矩形及六角形冲件
冲裁搭边		大批生产中用于小的窄冲件（表针及类似的冲件）或带料的连续拉深		用于以宽度均匀的带料或带料冲制长形件

步骤四　排样图的绘制

」讲解 ∟

排样图是一副冲裁模设计的基础，也是备料、加工的依据。一张完整的排样图应标注板料宽度、长度（卷料除外）、板料厚度、步距、搭边（ a 和 a_1 ），如图 2-19 所示。排样图应绘制在冲压工艺规程卡片上和冲裁模总装图的右上角。

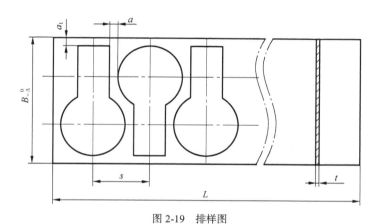

图 2-19　排样图

」实例 ∟

图 2-20 为某标准钥匙制件图，试确定合理的排样方案，并绘制排样图。

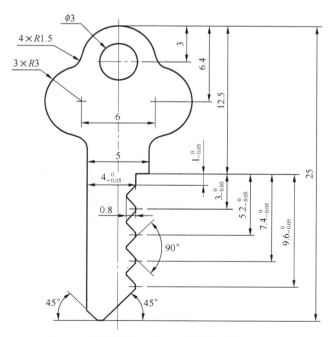

图 2-20　钥匙制件图（材料：硬黄铜；厚度：2mm）

① 确定排样方式。由图 2-20 可知，该制件外形复杂，尺寸精度要求高，所以应该采用有废排样方式。

② 确定排样形式。根据制件的结构形式，确定如图 2-21 所示的直排和对排两种排样形式，其中对排形式材料利用率最高，所以确定为对排形式。

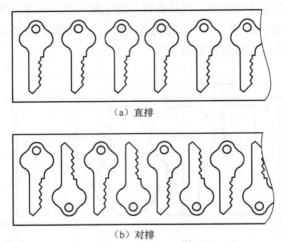

（a）直排

（b）对排

图 2-21　排样形式

③ 确定搭边值。查表 2-5 知 a_1 = 2.5mm、a = 2.8mm。为备料方便取整数，即 a = 3mm。

④ 绘制排样图，如图 2-22 所示。

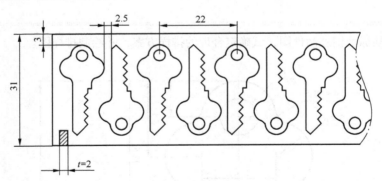

图 2-22　排样图

项 目 训 练

小组研讨、总结学习体会，绘制表 2-7 中接触环的排样图。

表 2-7   排样图绘制实训报告

班级_____ 姓名_____ 学号_____
图 2-23 所示为接触环零件图，材料是磷青铜，厚度 $t = 0.3$mm，试确定合理的冲裁排样并绘制排样图。 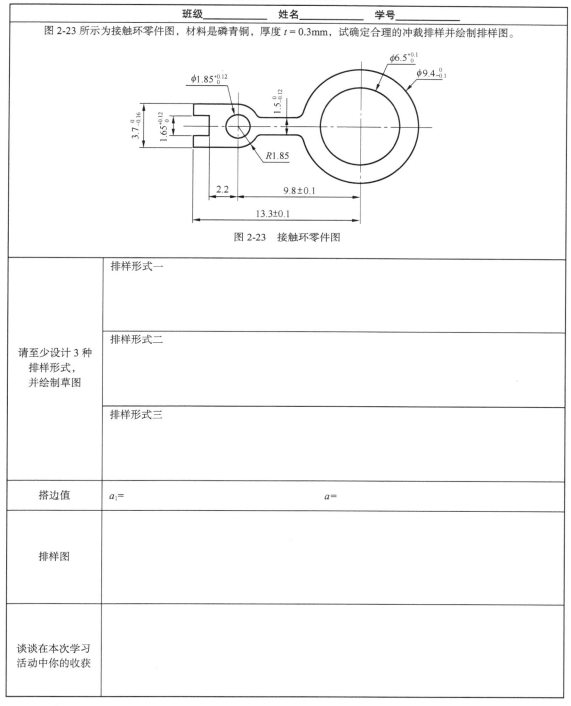 图 2-23   接触环零件图

请至少设计 3 种排样形式，并绘制草图	排样形式一
	排样形式二
	排样形式三

搭边值	$a_1 =$ $a =$
排样图	
谈谈在本次学习活动中你的收获	

任务四 计算冲裁力与压力中心

≣ 学习任务

学习冲压力的计算方法、压力中心的估算方法，完成表2-8中W形垫片的冲裁力计算，选定典型的冲裁模的结构形式计算附加力，并估算压力中心。

➤ 学习目标

- 具备计算冲裁力的能力；
- 具备依据冲裁模的结构形式计算附加力的能力；
- 具有分析减小冲裁力措施的能力；
- 具备估算压力中心的能力。

➤ 设备及工具

- 两个规格不同的文具打孔机；
- A4打印纸和封面纸各一张；
- 0.5mm厚的铝箔若干。

➤ 学习过程

步骤一 冲裁力的计算

冲裁力是指冲裁时材料对凸模的最大抵抗力，它是选用冲压设备和校验凸模强度的重要依据。本任务所用的文具打孔机，实际上就是最简单的冲裁模。在老师的指导下，用它对不同厚度、不同材料的纸或铝箔打孔，感受打不同大小的孔、在不同厚度和不同种类的材料上打孔所需要的力的大小，并讨论冲裁力大小的相关因素及计算方法。

⌐ 讨论 ⌐

冲裁力的大小主要与材料的力学性能、厚度和制件的周边长度相关，用一般平刃口的凸模和凹模进行冲裁时，其冲裁力可以按下式计算。

$$F = KLt\tau_b \qquad (2-6)$$

式中：F——冲裁力（N）；

L——冲裁周边长度；

t——材料厚度；

τ_b——材料抗剪强度；

K——系数。

系数 K 是考虑到实际生产中，模具间隙值的波动和不均匀、刃口磨损、材料力学性能、厚度波动等因素的影响而给出的修正系数，一般取 $K = 1.3$。为计算方便，也可用下式估算冲裁力，即

$$F \approx Lt\sigma_b \qquad (2\text{-}7)$$

式中：σ_b——材料抗拉强度。

⌐ 拓展 ⌐

在冲裁过程中，冲裁力是随凸模进入材料的深度（凸模行程）而变化的。图 2-24 所示为 $Q235$ 钢冲裁时的冲裁力变化曲线，图中 AB 段是冲裁的弹性变形阶段，BC 段是塑性变形阶段，C 点是冲裁力的最大值（在此点材料开始剪裂），CD 段是断裂阶段，DE 段压力主要用来克服摩擦力和把材料由凹模内推出。通常说的冲裁力是指冲裁力的最大值。

步骤二　冲裁附加力的计算方法

当冲裁工作结束时，由于冲裁中材料的弹性变形和摩擦的存在，使带孔部分的板料紧箍在凸模上，而冲落部分的材料紧卡在凹模洞口中。为继续冲裁工作，必须把箍在凸模上的料卸下，把卡在凹模内的料推出。

⌐ 讲解 ⌐

如图 2-25 所示，从凸模上卸料所需的力，叫做卸料力，用 F_x 表示；把卡在凹模中的料推出所需要的力，叫做推件力，用 F_t 表示；把卡在凹模中的料，逆着冲裁方向顶出时，逆向顶件所需的力，叫做顶件力，用 F_d 表示。

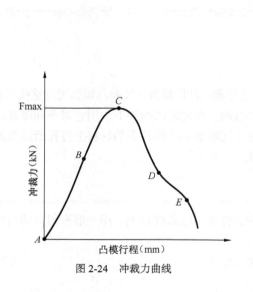

图 2-24　冲裁力曲线

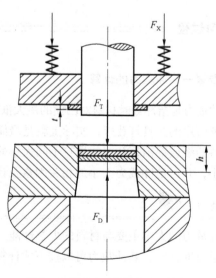

图 2-25　卸料力、推件力和顶件力

影响卸料力、推件力、顶件力的因素主要有材料的力学性能、材料厚度、模具间隙、凹模洞口的结构、搭边的大小、润滑情况、制件的形状和尺寸等。实际生产中，常采用经验公式来计算卸料力、推件力和顶件力，即

$$F_X = K_X \cdot F \qquad (2\text{-}8)$$

$$F_T = K_T \cdot F \cdot n \qquad (2\text{-}9)$$
$$F_D = K_D \cdot F \qquad (2\text{-}10)$$

式中：F_X、F_T、F_D——分别为卸料力、推件力和顶件力；

K_X、K_T、K_D——分别为卸料力系数、推件力系数和顶料力系数（一般取 0.05～0.08）；

n——同时卡在凹模洞口的件数。

$$n = h/t \qquad (2\text{-}11)$$

式中：h——凹模刃口直壁高度；

t——制件厚度。

步骤三 降低冲裁力措施的分析

⌐ 讲解 ⌐

理论上是根据模具所需冲压力选用压力机，而实际生产中更多的是模具适应已有的压力机，这就可能出现小吨位的冲床配用所需冲压力大的模具，此时就需要考虑如何降低所需冲压力。如前所述，冲压力中的附加力都与冲裁力成正比关系，所以降低冲裁力就能降低冲压力。

观察冲裁力计算公式

$$F = KLt\tau_b$$

其中料厚（t）是无法改变的参数，所以只有考虑改变冲裁周长（L）和材料性能（τ_b），生产中常用台阶冲裁和斜刃冲裁的方法减少瞬时冲裁周长，采用加热冲裁的方法改善材料性能。

1. 台阶冲裁

如图 2-26 所示，在多凸模的冲模中，把凸模做成不同高度，按台阶分布，可以有效地降低冲裁力，这是因为各凸模冲裁力的最大值不同时出现。

台阶式凸模不仅能降低冲裁力，而且能减小冲床的振动。在直径相差较大，距离又很近的多孔冲裁中，还能避免小直径凸模受被冲材料流动产生的水平力作用而产生折断或倾料的现象。为此，在多孔冲裁中，一般将小直径凸模做短些。

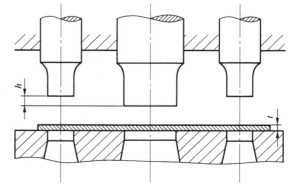

图 2-26 台阶冲裁

2. 斜刃冲裁

用平刃口模具冲裁时，整个制件周边同时参加冲裁工作，冲裁力较大。采用斜刃冲裁时，模具整个刃口不与制件周边同时接触，而是逐步将材料切离，因此，冲裁力显著降低。

采用斜刃口冲裁时，为获得平整工件，落料时凸模应为平刃，把斜刃口开在凹模上。冲孔时相反，凹模应为平刃，凸模为斜刃，如图 2-27 所示。斜刃应当是两面的，并对称于模具的压力中心。

斜刃冲裁虽然能降低冲裁力，但磨刃口和修磨都比较复杂，且刃口易磨损，得到的制件不够平整，不适于冲裁外形复杂的制件，应用不太广泛。

另外，用台阶冲裁和斜刃冲裁时，虽然冲裁力降低了，但是冲裁行程延长了，所以不能节省冲裁功和功率。

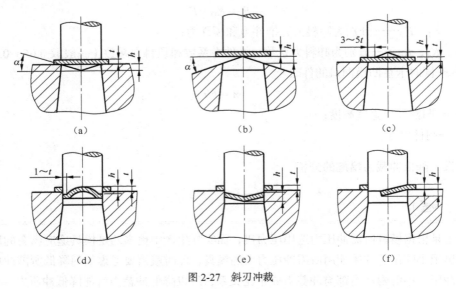

图 2-27 斜刃冲裁

（a）、（b）落料用　（c）、（d）、（e）冲孔用　（f）切舌用

3. 加热冲裁

利用材料加热后，其抗剪强度显著降低的特点，使冲裁力减小。一般碳素结构钢加热到 900℃ 时，它的抗剪强度能降低 90%，所以在冲裁厚板时，常用板料加热的方法来解决冲床吨位不足的问题。

 实例

试计算图 2-28 所示模具的总冲压力。已知材料是 08，厚度为 1.5mm，凹模直壁高度为 6mm。

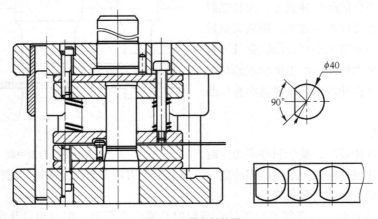

图 2-28　模具结构图

分析：这副模具采用弹性卸料装置和下出料方式，所以 $F_Z = F + F_X + F_T$。

解：① 冲裁力

$$L = \frac{3}{4}(2 \times 20 \times \pi) + 2\left(\frac{\sqrt{2}}{2} \times 20\right) = 94.2 + 28.2 = 122.4 \text{mm}$$

$$t = 1.5 \text{mm} \qquad \text{查有关手册取} \ \sigma_{\text{b}} = 45 \times 10^{7} P_{\text{a}}$$
$$F = Lt\sigma_{\text{b}} = 122.4 \times 10^{-3} \times 1.5 \times 10^{-3} \times 45 \times 10^{7} = 82\ 620 \text{N}$$

② 卸料力

$$F_{\text{X}} = K_{\text{X}} \cdot F = 0.05 \times 82\ 620 = 413.1 \text{N}$$

③ 推件力

$$n = \frac{h}{t} = \frac{6}{1.5} = 4$$

$$F_{\text{t}} = K_{\text{t}} \cdot F \cdot n = 0.05 \times 82\ 620 \times 4 = 1\ 652.4 \text{N}$$

④ 总冲压力

$$F_{\text{Z}} = F + F_{\text{X}} + F_{\text{T}} = 82\ 620 + 413.1 + 1\ 652.4 = 84\ 685.5 \text{N} \approx 85 \text{kN}$$

步骤四 压力中心估算

冲压力合力的作用点叫做压力中心。模具的压力中心应该通过压力机滑块中心。对于有模柄的冲模来说，要使压力中心通过模柄的中心线。否则，冲压时就会产生偏心载荷，导致滑块导轨和模具导向部分不正常地磨损，还会使合理间隙得不到保证，从而影响制件质量，降低模具寿命甚至损坏模具。

⌐ 讨论 ⌐

1. 讨论图 2-29 所示简单形状的凸模压力中心的位置，它们的位置都为 A 点，处于几何中心位置。

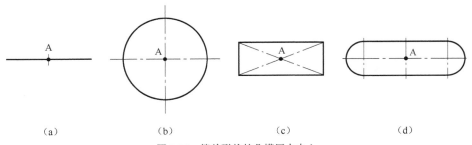

| (a) | (b) | (c) | (d) |

图 2-29 简单形状的凸模压力中心

2. 圆弧压力中心

如图 2-30 所示，冲裁圆弧段时按如下公式计算。

$$X_0 = R\frac{180\sin\alpha}{\pi\alpha} = \frac{57.29}{\alpha}R\sin\alpha \qquad (2\text{-}12)$$

$$L = \frac{2R\alpha}{57.29} \qquad (2\text{-}13)$$

式中：C_0——圆弧线段压力中心到圆心的距离；

R——圆弧线段的半径（mm）；

α——圆弧线段所对应的中心角之半（°）；

L——圆弧线段的弧长（mm）。

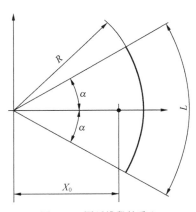

图 2-30 圆弧线段的重心

3. 多段线凸模压力中心

应用圆弧的压力中心，应用解析法计算多段线、形状复杂凸模的压力中心，其方法是：首先把凸模刃口外形轮廓分为直线段和圆弧段，并确定各段长度，然后分别确定直线段和圆弧段的压力中心位置，最后用式（2-14）和式（2-15）确定凸模压力中心的坐标。

$$X_c = \frac{L_1 X_1 + L_2 X_2 + \cdots + L_m X_m}{L_1 + L_2 + \cdots + L_m} = \frac{\sum\limits_{i=1}^{m} L_i X_i}{\sum\limits_{i=1}^{m} L_i} \tag{2-14}$$

$$Y_c = \frac{L_1 Y_1 + L_2 Y_2 + \cdots + L_m Y_m}{L_1 + L_2 + \cdots + L_m} = \frac{\sum\limits_{i=1}^{m} L_i Y_i}{\sum\limits_{i-1}^{m} L_i} \tag{2-15}$$

4. 多凸模压力中心的确定

确定多凸模模具的压力中心，是把各凸模的压力中心确定后，再计算模具的压力中心。

如图 2-31 所示，确定了各凸模的压力中心后用式（2-16）和式（2-17）计算。

$$X_c = \frac{L_1 X_1 + L_2 X_2 + \cdots + L_m X_m}{L_1 + L_2 + \cdots + L_m} = \frac{\sum\limits_{i=1}^{m} L_i X_i}{\sum\limits_{i=1}^{m} L_i} \tag{2-16}$$

$$Y_c = \frac{L_1 Y_1 + L_2 Y_2 + \cdots + L_m Y_m}{L_1 + L_2 + \cdots + L_m} = \frac{\sum\limits_{i=1}^{m} L_i Y_i}{\sum\limits_{i-1}^{m} L_i} \tag{2-17}$$

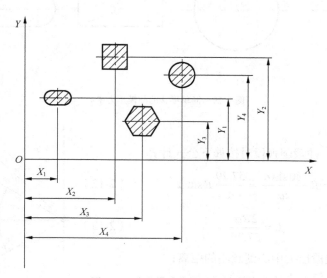

图 2-31　多凸模冲裁的压力中心

项目训练

小组研讨、总结学习体会，计算表 2-8 中 W 形垫片的冲裁力，选定典型的冲裁模的结构形式计算附加力，并估算压力中心。

表 2-8 冲裁力与压力中心计算实训报告

班级_____ 姓名_____ 学号_____

图 2-32 所示为 W 形垫片，材料是 Q235，厚度为 1mm，试计算其冲裁力，选定典型的冲裁模结构形式计算附加力，并估算压力中心。

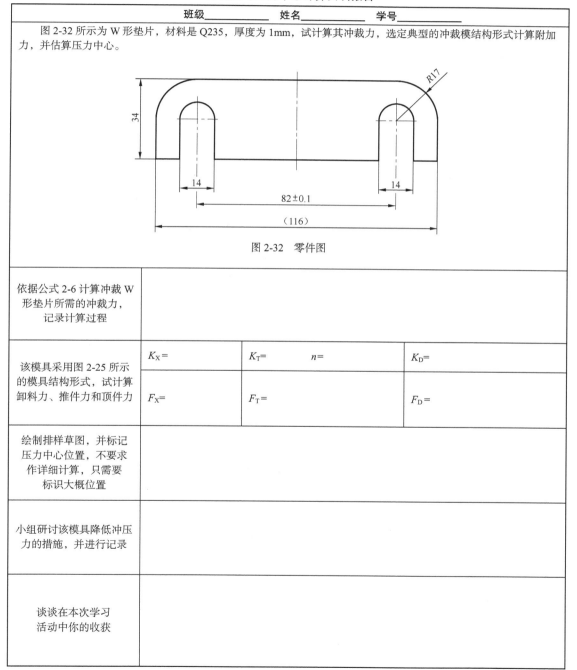

图 2-32 零件图

依据公式 2-6 计算冲裁 W 形垫片所需的冲裁力，记录计算过程			
该模具采用图 2-25 所示的模具结构形式，试计算卸料力、推件力和顶件力	$K_X=$	$K_T=$ $n=$	$K_D=$
	$F_X=$	$F_T=$	$F_D=$
绘制排样草图，并标记压力中心位置，不要求作详细计算，只需要标识大概位置			
小组研讨该模具降低冲压力的措施，并进行记录			
谈谈在本次学习活动中你的收获			

任务五　分析冲裁模具结构

学习典型模具结构的组成，完成表 2-9 中的导柱式落料模和复合模的结构特点分析。

▶ 学习目标

- 具有准确描述冲裁模常用分类的能力；
- 具备敞开模、导板模、导柱模等单工序模的结构特点及工作原理的分析能力；
- 具备复合冲裁模的分类和倒装式复合模的结构特点及工作原理的分析能力；
- 具备常见的冲裁级进模的结构特点及工作原理的分析能力；
- 具有分析一副冲裁模由哪些零件组成的能力。

▶ 设备及工具

- 敞开模、导板模、导柱模等单工序模各一副（或相应模具图纸）；
- 正装式和倒装式复合模各一副（或相应模具图纸）；
- 导正销定距和侧刃定距级进模各一副（或相应模具图纸）。

▶ 学习过程

步骤一　冲裁模分类

」讲解 L

冲裁模是冲裁工序所用的模具。冲裁模的结构形式很多，常将其按如下方法分类。

① 按工序性质分类：可分为落料模、冲孔模、切断模、切口模、切边模、剖切模等。

② 按工序组合方式分类，可分如下 3 种。

单工序模（俗称简单模）：即在一副模具中只能完成一道工序，如落料、冲孔、弯曲、拉深等。单工序模可以由一个凸模和一个凹模组成，也可以由多个凸模和凹模洞口组成。

复合模：即在压力机的一次行程中，在一副模具同一位置上完成数道冲压工序。压力机一次行程一般得到一个冲压件。

级进模（俗称连续模，也称跳步模）：即在压力机一次行程中，在模具的不同位置上同时完成数道冲压工序。级进模所完成的同一零件的不同冲压工序是按一定顺序、相隔一定步距排列在模具的送料方向上的，压力机一次行程得到一个或数个冲压件。

③ 按上模、下模的导向方式分类，可分为无导向的敞开模和有导向的导板模、导柱模。

冲裁模的分类方法还很多，上述的分类方法从不同的角度反映了模具结构的不同特点。

步骤二　单工序敞开模结构特点和工作原理分析

所谓单工序模是指压力机一次行程内只完成一个冲压工序的模具，常用于形状结构比较简单的、生产批量比较小的或无法采用复合模、级进模生产的制件冲压。单工序模不仅可以生产制件，也可以为后续工序提供半成品，所以应用非常广泛。

所谓敞开模是指模具的上模、下模之间没有任何导向，由冲床滑块的导向精度保证上模、下模之间的定位精度。

在老师的指导下，拆装图2-33所示的敞开模，讨论其结构特点。将它安装在冲床上，观察它的工作原理。

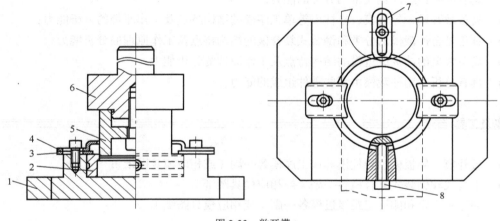

图2-33　敞开模

1—上模座　2—凸模　3—卸料板　4—导料板　5—凹模　6—下模座　7—定位板　8—顶紧螺钉

⌐ 讨论 ⌐

敞开模往往用来冲制小批量试制零件。因为生产批量小，在基本满足加工要求的情况下，应当尽量降低模具成本，所以设计这类模具应当尽量采用组合方式。图2-33所示的敞开模正符合这个特点，它的结构简单，上模和下模之间没有直接导向关系；工作零件是凸模2和凹模5；定位零件是两个导料板4和定位板7，导料板对条料送进起导向作用，定位板是限制条料的送进距离；卸料零件是两个固定卸料板3；支撑零件是上模座（带模柄）1和下模座6，此外还有紧固螺钉等。

这个模具是典型的组合模，有一定的通用性，通过更换凸模和凹模，调整导料板、定位板和卸料板位置，可以冲裁不同冲件。改变定位零件和卸料零件的结构，还可以用来冲孔，即成为冲孔模。

⌐ 拓展 ⌐

图2-34所示为一副敞开的水平侧壁冲孔模，它是用来在类似图2-35所示的成形零件的侧壁上冲孔。这是一种水平冲孔的方法，是指凸模运动方向与压力机滑块运动方向垂直或成一定角度。它的工作过程是：上模随压力机滑块下行，压料块4首先接触毛坯，将它压紧在凹模3上，接着斜楔5斜面接触滑块1的斜面，产生水平方向的分解运动，使滑块沿导轨滑动，安装在滑块上的凸模2和凹模3作用完成冲孔；上模回程，滑块在压簧的作用下复位。

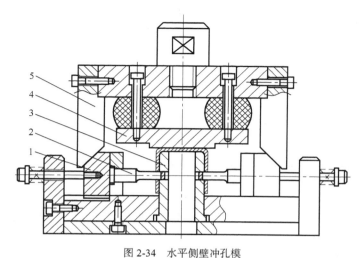

图 2-34 水平侧壁冲孔模

1—滑块　2—凸模　3—凹模　4—压料块　5—斜楔

这副模具中斜楔的斜面角度最好为 40° ～ 45°，一般取 40°，需要较大的冲裁力时，也可以为 30°，以增大水平推力。为了获得较大的工作行程，也可加大到60°。因为常用的压力机是立式压力机，要完成水平冲裁通常采用这种结构。如果制件尺寸大，可以安装多个斜楔滑块结构，同时冲多个孔，使生产效率大大提高。

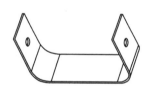

图 2-35 侧壁带孔的成形零件

水平冲裁模具结构较复杂，轮廓尺寸大，所需冲压力大，所以小批量生产时通常采用图 2-36 所示的垂直冲孔方式。这副模具的凹模 6 是以悬臂方式固定于支架 2 上；它的定位方法是径向以悬臂凹模和支架定位，孔距定位由定位销 4、定位基座 3 和弹簧等构成的定位器来完成，保证冲出侧壁上的孔。这种模具结构简单、紧凑，但压力机一次行程内只能冲一个孔，生产效率低，并且悬臂凹模强度不高，主要用来生产批量不大，孔距要求不高的小型支架的侧壁冲孔。

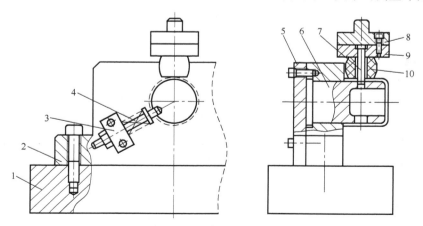

图 2-36 垂直侧壁冲孔模

1—下模座　2—支架　3—定位基座　4—定位销　5—后板　6—凹模　7—凸模

8—上模座　9—凸模固定板　10—压料橡胶

步骤三　单工序导板模的结构特点和工作原理分析

图 2-37 所示为山形极片导板模，拆装这副模具，讨论和了解它的结构特点并与敞开模进行比较。

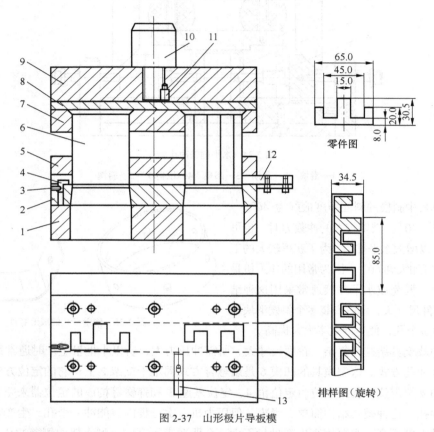

图 2-37　山形极片导板模

1—下模座　2—凹模　3、11—防转销　4—钩形挡料销　5—导板　6—凸模　7—凸模固定板
8—垫板　9—上模座　10—模柄　12—导料板　13—始用挡料销

⌐ 讨论 ⌐

图 2-37 右上角所示为山形极片零件图，材料是硅钢片，它的生产批量较大。为提高材料利用率，设计对排有废排样。根据制件精度要求，模具应当有一定的导向精度，故上模、下模之间的导向是依靠导板 5 和凸模 6 的间隙配合（一般是 H7/h6）进行的，为了保证导向精度和导板的使用寿命，工作过程不允许凸模离开导板。为此，要求压力机行程小，根据这个要求，选用行程较小且可调节的偏心式冲床比较合适。

因排样的需要，这副冲模的钩形挡料销 4 所设置的位置对首次冲裁起不到定位作用，为此采用了始用挡料销 13。在首件冲裁之前用手把始用挡料销压入以限定条料的位置，在后续冲裁中，放开始用挡料销，依靠钩形挡料销对板料进行定位。另外，因为排样搭边小，如果使用普通的挡料销，其安装位置距离凹模刃口太近，导致凹模刃口强度不够，所以设计了钩形挡料销。

步骤四 单工序导柱模的结构特点和工作原理分析

在老师的指导下拆装图 2-38 所示导柱式落料模,分组讨论其结构特点,并把它安装在冲床上,观察它的工作原理。

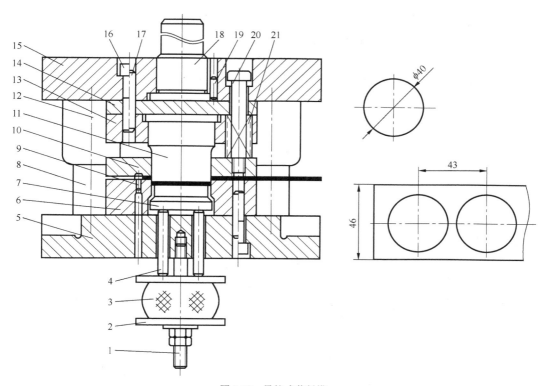

图 2-38 导柱式落料模

1—螺杆　2—橡胶夹板　3—顶件橡胶　4—顶杆　5—下模座　6—凹模　7—顶件块

8—导柱　9—挡料销　10—卸料板　11—凸模　12—导套　13—凸模固定板　14—垫板

15—上模座　16—螺钉　17—销钉　18—模柄　19—防转销钉　20—卸料螺钉　21—卸料弹簧

⌐ 讨论 ⌐

这副模具的上模、下模依靠导柱 8 和导套 12 导向,间隙容易保证,并且这副模具采用弹压卸料和弹压顶出的结构,冲压时材料被上下压紧而完成分离。用这种模具生产零件的变形小,平整度高。这种结构广泛用来加工材料厚度较小,并且有平面度要求的金属件和容易分层的非金属件。

⌐ 拓展 ⌐

图 2-39 所示为护套导向小孔冲裁模。所谓小孔冲裁,是指冲孔孔径小于冲裁极限,这时在模具结构上必须做出相应的措施:模具的导向精度要求非常高(采用导柱导向或导柱与导板相结合),对小凸模采用加套或缩短长度的方法保护。

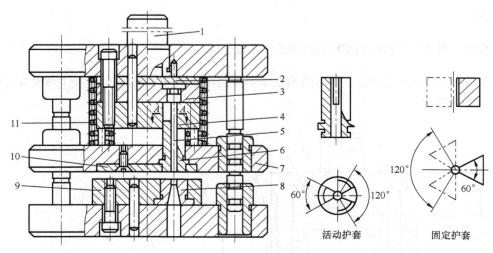

图 2-39 护套导向小孔冲裁模

1—模柄 2—垫板 3、9—固定板 4—固定护套 5—凸模 6—活动护套 7—压料板 8—凹模 10—小压板 11—弹簧

图 2-39 所示的冲孔裁模用来冲裁 2mm 厚的 Q235 钢板，冲孔直径为 1.8mm。由于冲孔直径较小，因此在凸模上用了活动护套 6 和固定护套 4 来保护凸模。这样使凸模在工作时，除进入材料内的一段外，其余部分都可以得到不间断的导向，增加了凸模的刚性和强度。

图 2-40 所示为采用超短凸模的小孔冲模，右上角是冲制的工件零件图，料厚是 4mm，最小孔径是 0.5t。这副模具采用了超短凸模，能有效地防止在冲裁过程中产生压弯失稳变形或折断。上模与下模之间用导柱导套进行导向，大压板 8 对小压板 7 有导向作用，小压板又由两个小导柱

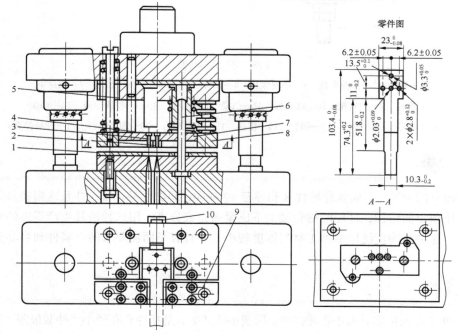

图 2-40 超短凸模的小孔冲模

1、9—定位板 2、3、4—凸模 5—冲击块 6—小导柱 7—小压板 8—大压板 10—后侧压块

6 进行导向,这样的多层导向能保证模具的精度。由零件图可知,各小孔是以外形台阶为设计基准,为保证加工基准和设计基准重合,应用了后侧压块 10,能使毛坯的外形台阶抵住定位板 9,而工作零件和定位板的位置精度非常高,所以能保证小孔的位置精度。

上模下行时,大压板 8 与小压板 7 先后压紧工件,小凸模 2、3、4 的上端露出小压板 7 的上表面,上模压缩弹簧继续下行,冲击块 5 冲件凸模 2、3、4,对工件进行冲孔。

步骤五　倒装式复合模的结构特点和工作原理分析

在老师的指导下拆装图 2-41 所示的倒装式复合模,讨论它的结构特点和工作原理。

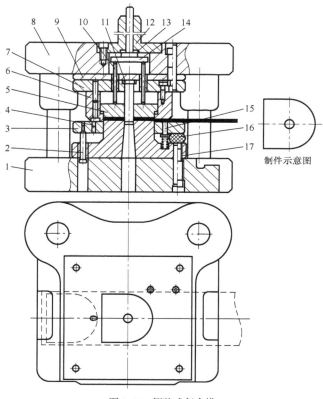

制件示意图

图 2-41　倒装式复合模

1—下模座　2—卸料螺钉　3—卸料板　4—固定挡料销　5—推件块　6—落料凹模　7—凸模固定板　8—上模座
9—垫板　10—推杆　11—冲孔凸模　12—模柄　13—打杆　14—推板　15—导料销　16—卸料橡胶　17—凸凹模

⌐ 讨论 ∟

这副模具在压力机一次行程中完成冲孔和落料两个工序,并且两个工序在同一工位进行。该模具采用了导柱和导套构成的导向机构,有效地保证了冲裁精度。模具零件少,结构紧凑,制件的形位公差完全是靠模具制造精度保证,不存在定位误差的影响。工作时,手动把条料送进抵住固定挡料销 4,上模下行凸凹模 17 和落料凹模 6 作用完成落料工序,同时凸凹模 17 和冲孔凸模 11 作用完成冲孔工序。条料紧箍在凸凹模上,由卸料板 3 卸下;制件卡在落料凹模 6 中并箍在冲孔凸模 11 上,由推件块 5 推出,落在下模表面。

⌐讲解⌐

图 2-42 所示为复合模的结构原理。凸凹模 5 和落料凹模 2 作用完成落料工序，同时凸凹模 5 和冲孔凸模 3 作用完成冲孔工序。条料紧箍在凸凹模上，由卸料板 4 卸下，制件卡在落料凹模 2 内和箍在冲孔凸模 3 上，由推件块 1 推下。按落料凹模的安装位置不同，复合模的基本结构形式分为两种，落料凹模安装在下模部分称为正（顺）装式复合模，落料凹模安装在上模部分称为倒装式复合模。图 2-40 所示即为倒装式复合模。

⌐拓展⌐

图 2-43 所示为正装式复合模，其工作原理是：上模下行，落料凹模 3 和凸凹模 6 完成落料，同时冲孔凸模 2 和凸凹模 6 完成冲孔。冲裁完成之后，制件卡在落料凹模 3，并箍在冲孔凸模 2

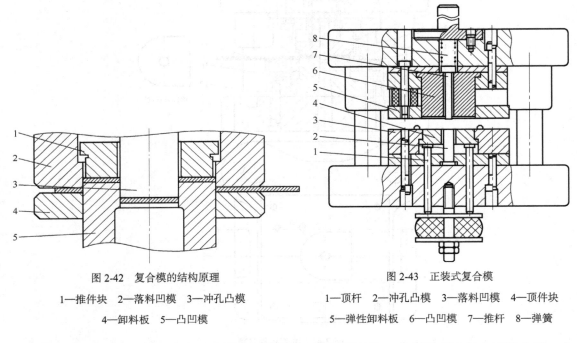

图 2-42　复合模的结构原理

1—推件块　2—落料凹模　3—冲孔凸模

4—卸料板　5—凸凹模

图 2-43　正装式复合模

1—顶杆　2—冲孔凸模　3—落料凹模　4—顶件块

5—弹性卸料板　6—凸凹模　7—推杆　8—弹簧

上，由下方的弹性顶件装置提供弹力传递给顶杆 1，推动顶件块 4 将制件顶出留在下模表面；冲孔废料则由上模推件装置中的推杆 7 推出，也落在下模表面；条料废料由弹性卸料板 5 把它从凸凹模 6 上拨下来，也留在下模表面。

图 2-41 和图 2-43 所示的两副模具加工的是同一个制件，对它们进行比较发现：正装式复合模工作完成后，制件、冲孔废料、落料废料都留在下模表面，下一次冲裁必须把下模表面清理干净才能进行，所以不适合多孔制件的加工，而倒装式复合模的冲孔废料从下模漏出，只有制件和废料留在下模表面。从操作角度考虑倒装式复合模要方便得多，所以倒装式复合模应用更广泛。但是为了漏料的顺利，倒装式复合模的冲孔凹模孔必须做成"喇叭"状，这将受到模具空间和强度限制。

步骤六　挡料销定距级进模的结构特点和工作原理分析

级进冲裁模的工作原理，是在模具的工作部位，把它分成若干个等距工位，在每个工位上分别安置冲孔、落料等冲压工序，在模具内设置控制条料送进的固定距离，使条料如排样所示逐工位依序冲裁，到最后一个工位加工完，冲出合格的制件。采用级进模生产效率高，易于实现自动化，操作也方便、安全，非常适合大批量生产。但这种模具工位多，所以结构复杂，模具的加工和制作比较困难，模具成本较高。图 2-44 所示为挡料销定距级进模，下面分析它的结构特点，重点讨论这副模具的定距机构，并观察它的工作原理。

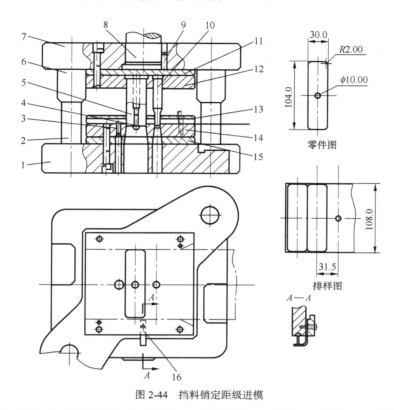

图 2-44　挡料销定距级进模

1—下模座　2—导柱　3—固定挡料销　4—导正销　5—落料凸模　6—导套　7—上模座　8—模柄　9—防转销
10—冲孔凸模　11—上垫板　12—凸模固定板　13—刚性卸料板　14—凹模　15—下垫板　16—始用挡料销

⌐ 讨论 ∟

如图 2-44 中的排样图所示，这副模具的冲裁顺序是先冲裁 ϕ10mm 的孔，第二工位落料外形，它的步距是 31.5mm，它的定距装置是固定挡料销和导正销。条料沿刚性卸料板 13 下的导料槽送进，抵住始用挡料销 16，上模下行完成冲孔。松开始用挡料销 16，条料继续前送，抵住固定挡料销 3 进行粗定位，然后利用导正销 4 进入前一工位冲好的孔中，以导正内孔和外缘的相对位置，上模下行就得到一个合格制件，后续冲裁则需要将条料抬过固定挡料销，由落料搭边的后侧抵住固定挡料销，上模下行第一工位冲孔，同时第二工位落料，得到第二个合格制件，如此重复。

⌐ 拓展 ∟

如图 2-45 所示，这副模具在送料过程中不必像图 2-44 所示级进模那样，合模一次需要抬料一次，而是具备自动挡料装置，由挡料杆 3、冲搭边的凸模 1 和凹模 2 组成。冲孔和落料的两次送进，由两个始用挡料销分别定位，第三次及其以后送进，由自动挡料装置定位。由于挡料杆始终不离开凹模的上平面，所以在送料时，挡料杆挡住搭边，在冲孔、落料的同时，凸模1和凹模2把搭边冲出一个缺口，使条料可以继续送进一个步距，从而起到自动挡料的作用。

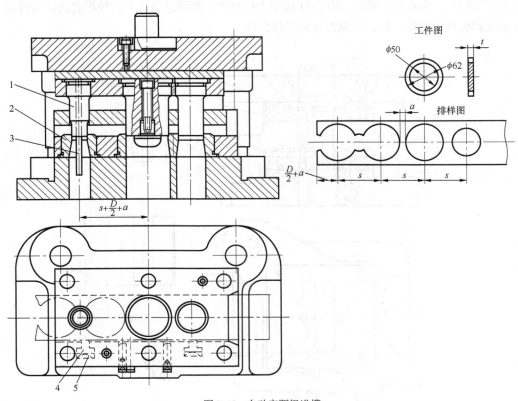

图 2-45　自动定距级进模

1—凸模　2—凹模　3—挡料销　4—侧压板　5—侧压弹片

步骤七　侧刃定距级进模的结构特点和工作原理分析

图 2-46 所示为侧刃定距级进模，下面讨论它的定距装置与挡料销定距级进模在结构上和工作原理上的区别。

┘讨论└

图 2-46 所示为侧刃定距级进模。它用侧刃 16 代替了始用挡料销、挡料销和导正销控制条料送进距离。侧刃是特殊功用的凸模，它的作用是在压力机每次冲压行程中，沿条料边缘切下一块长度等于步距的料边。由于沿送料方向上，在侧刃前后，两导料板间距不同，前宽后窄形成一个台肩，只有在侧刃切去料边使宽度减小后，条料才能前进一个步距，以控制送料距离。带侧刃的级进模操作方便，定位准确，生产率高；它的缺点是结构复杂，并因为切去料边而增加了材料损失。侧刃定距的级进模主要用来冲制厚度小于 0.5mm 的薄板或不便使用定位销、导正销定位的制件。

┘拓展└

图 2-47 所示为垫圈的级进模结构。从它的排样图可以看出，它的定距方式是切舌定距。条料

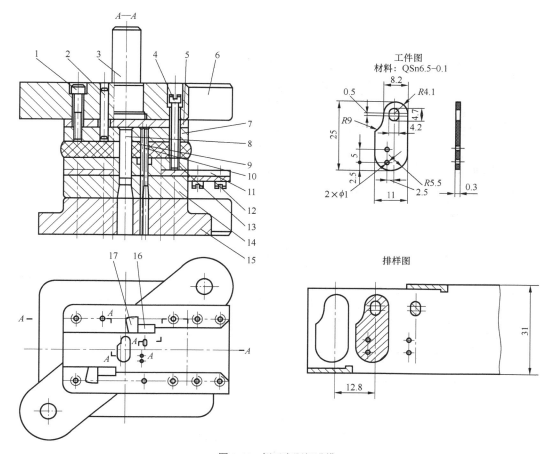

图 2-46　侧刃定距级进模

1—内六角螺钉　2—销钉　3—模柄　4—卸料螺钉　5—垫板　6—上模座　7—凸模固定板

8、9、10—凸模　11—导料板　12—承料板　13—卸料板　14—凹模　15—下模座　16—侧刃　17—侧刃挡块

料头从右端的两导料板 18 之间送入，经过第一对活动导料销 4 之后，再往前到浮动挡料销 25 处，实现首次定位，进行首次冲裁，此时完成切舌和冲导正孔；第二次冲裁时，由于切舌后切出的舌片低于条料的下表面，继续向前送料时，舌片侧面被浮动挡料销 25 挡住，不能再送进，这是上模下行，在卸料板 5 的作用下，切出的舌片被压回条料孔中，又和条料平面相平。与此同时，在条料的右端又切出了新舌片供下一次定距，条料又可越过浮动挡料销往前送进一个步距，材料越过浮动挡料销后，导正销 12 进一步导正，以后的工位接着进行冲孔和落料。

切舌定距是在侧刃定距基础上改进的一种新型的级进模定距方式，是指在板料上把材料局部切成舌状，在后续工位用挡料销把它挡住，实现定距。切舌定距比侧刃定距节省材料，可以将切舌布置在制件的设计孔中，达到提高材料利用率的目的。与挡料销定距相比，切舌定距抬料高度较小，操作安全。

步骤八　模具结构组成分析

┘讲解└

由前面的模具结构分析可知，冲模分为上模和下模。上模一般固定在压力机的滑块上，并随滑块一起运动；下模固定在压力机的工作台上。冲裁模的构成大致可以做如下分类：

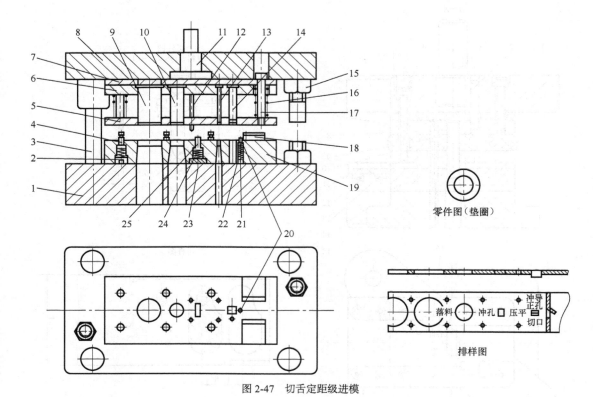

零件图（垫圈）

排样图

图 2-47 切舌定距级进模

1—下模座 2、22—螺塞 3—导柱 4—活动导料销 5—卸料板 6—凸模固定板 7—上垫板 8—上模座 9—落料凸模
10—冲孔凸模 11—模柄 12—导正销 13—冲导正孔凸模 14—切舌凸模 15—限位柱 16—卸料弹簧
17—卸料螺钉 18—导料板 19—凹模板 20—浮顶销 21、24—弹簧 24—弹簧堵块 25—浮动挡料销

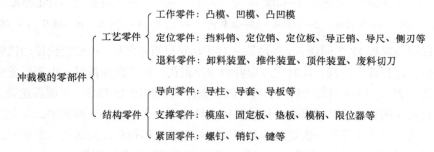

随着模具技术的更新以及制造能力的增强，现代模具中的新零件越来越多，如传动零件、计数零件、探误零件、调整零件、限位零件等，这些将在本书后面的模具设计实例中重点介绍。另外，为缩短模具制造周期，增强模具零件的互换性，降低模具成本，模具标准件应用越来越广泛，我国对冷冲模先后制定了 GB2851—81～GB2875—81、GB/T2851—90～GB/T2861—90、GB/T12446—90、GB/T12447—90 等标准。国际标准化组织 ISO/TC29/SC8 制定的冲模和成形模标准也被广泛应用。同时，随着模具的引进，国外冲模标准也在我国模具行业大量引用，如日本 MISUMI 公司 Face 标准，德国 STRACK 公司标准，美国 DANLY 公司标准等。

项 目 训 练

小组研讨、总结学习体会，分析表 2-9 中导柱式落料模和复合模的结构特点。

表 2-9   **冲裁模具结构分析实训报告**

班级_____ 姓名_____ 学号_____

图 2-48 所示为导柱式落料模，试写出零件名称，并分析模具的结构特点和工作原理。

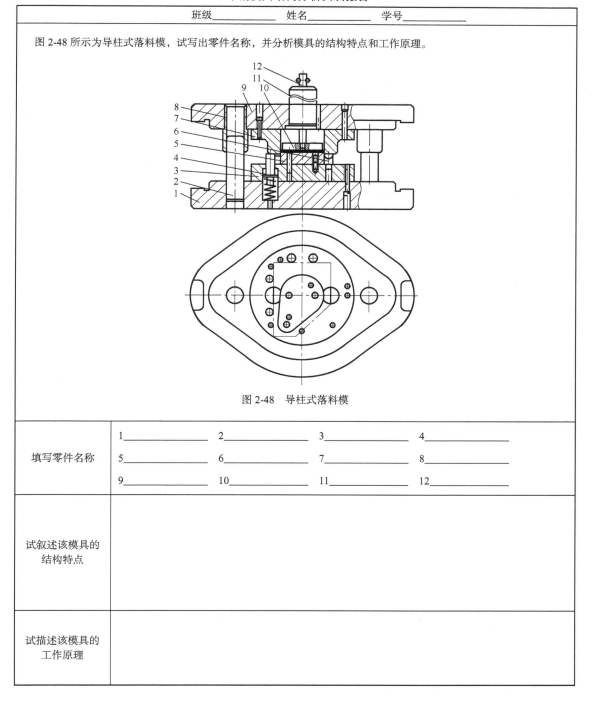

图 2-48　导柱式落料模

填写零件名称	1_____ 2_____ 3_____ 4_____ 5_____ 6_____ 7_____ 8_____ 9_____ 10_____ 11_____ 12_____
试叙述该模具的 结构特点	
试描述该模具的 工作原理	

图 2-49 所示为复合模，试写出零件名称，结合该图与图 2-44 所示的级进模结构进行比较，简述复合模和级进模各自的特点和应用场合。

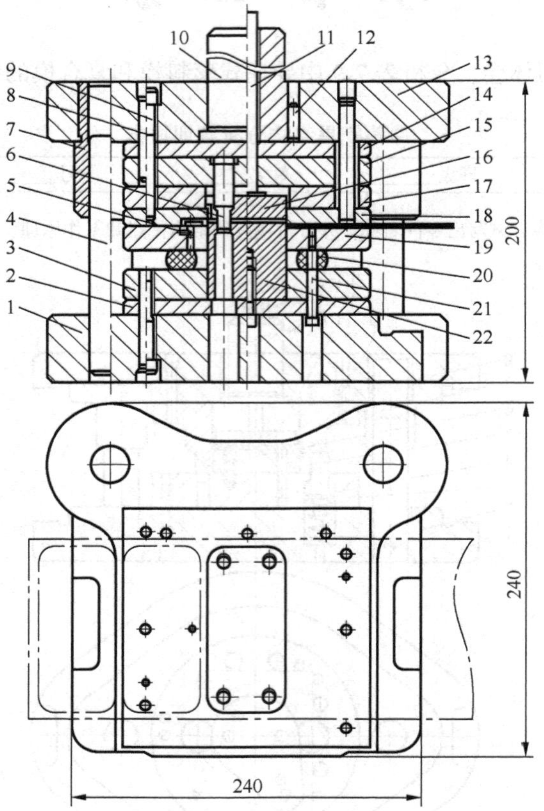

图 2-49　复合模

填写零件名称	1_____	2_____	3_____	4_____
	5_____	6_____	7_____	8_____
	9_____	10_____	11_____	12_____
	13_____	14_____	15_____	16_____
	17_____	18_____	19_____	20_____
	21_____	22_____		
简述复合模和级进模各自的特点和应用场合				
谈谈在本次学习活动中你的收获				

任务六　分析冲裁模工作零件结构

学习任务

学习冲裁模工作零件结构，完成表 2-11 中的凸模固定方式的设计。

> **学习目标**

- 具有凸模结构形式的分析能力；
- 具有凸模固定形式的设计能力；
- 具有凹模结构形式的分析能力；
- 具有凸凹模结构形式的分析能力。

> **设备及工具**

- 直通式、台阶式、组合式凸模各一个（或相应凸模图片）；
- 整体式、相拼式、镶嵌式凹模各一个（或相应凹模图片）；
- 冲裁凸凹模一个（或相应凸凹模图片）。

> **学习过程**

步骤一　分析常见凸模的结构特点

通过老师的讲解，认识图 2-50 所示凸模的结构特点。

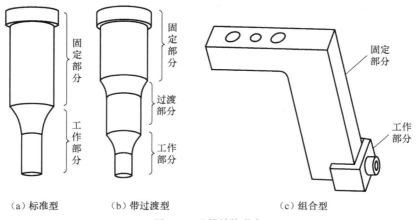

（a）标准型　　　　（b）带过渡型　　　　（c）组合型

图 2-50　凸模结构形式

讨论

如图 2-50（a）所示，冷冲模凸模的结构总的来说包含两大部分，即凸模的工作部分和固定部分。凸模的工作部分是直接冲压加工的，它的断面形状、尺寸应根据冲压件的形状尺寸以及冲压工序的性质、特点进行设计；固定部分是将凸模安装在凸模固定板上，然后固定在模座上，使它们成为一体构成上模。也有的凸模工作部分尺寸很小，为了保证它的强度，在固定部分和工作部分增加一段过渡部分，如图 2-50（b）所示。也有的凸模，固定部分和工作部分不是一个整体，由两部分组合而成，如图 2-50（c）所示。

拓展

根据固定部分和工作部分的不同关系，凸模的结构通常分为两大类，一类为整体式，另一类为相拼式。

1. 整体式

整体式凸模根据其加工方法的不同，又分为直通式和台阶式。所谓直通式是指工作部分和固定部分的形状和尺寸相同。日本三住 Face 标准列出了如图 2-51（a）、（b）所示的圆形和方形直杆凸模，在设计时可以直接选用；工作部分截面形状为异形的直杆型凸模一般采用自加工（线切割或成形磨削加工），如图 2-51（c）、（d）所示。

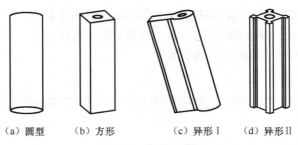

（a）圆型　　（b）方形　　（c）异形Ⅰ　　（d）异形Ⅱ

图 2-51　直通式凸模

台阶式凸模其台阶一般有两种，一种是起固定作用的，另一种是为了起加强作用而制作的台阶，往往做成圆弧过渡。图 2-50（b）所示为国标 A 型圆凸模，挂台是为了固定，而中间的圆弧过渡部分则是为了起加强作用；图 2-50（a）所示为国标 B 型圆凸模，该类型是工作部分尺寸比 A 型大，所以没有设置过渡段。图 2-52（a）所示为国标圆柱头直杆圆凸模，它的台阶就是为了固定而做成的挂台；图 2-52（b）所示为方形凸模；图 2-52（c）所示为常见的非圆刃口冲孔；图 2-52（d）所示为自加工侧刃凸模。

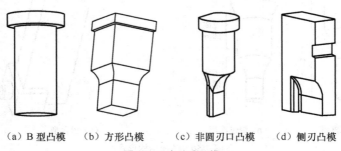

（a）B 型凸模　　（b）方形凸模　　（c）非圆刃口凸模　　（d）侧刃凸模

图 2-52　台阶式凸模

2. 组合式

冲压模中组合式凸模是非常常见的一种结构形式，将它设计成组合方式往往有两个目的：一是为了节约贵重的模具材料，这在硬质合金模、大型冲模中应用非常广泛，如图 2-53（a）所示的组合式凸模，其固定部分用普通钢材，工作部分用贵重的模具钢，大大降低了成本；二是为了加强小凸模的强度，图 2-53（b）、（c）所示是把多个凸模"绑"在一起，在模具空间不够时往往也采用这种组合方式。

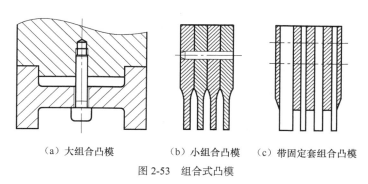

（a）大组合凸模　　　（b）小组合凸模　　　（c）带固定套组合凸模

图 2-53　组合式凸模

步骤二　分析凸模的固定方法

凸模的固定涉及两个问题：一是凸模相对凸模固定板的定位，二是凸模紧固在凸模固定板上。下面讨论圆形、非圆形和大中型凸模的固定方法和应用场合。

┘ 讨论 └ 🍃

圆形且带台阶的凸模强度刚性较好，装配修磨方便，其工作部分的尺寸由计算得到；与凸模固定板配合的部分按过渡配合（m6）制造，由凸模台阶面和凸模固定板面接触定位；最大直径的作用是行程台阶，以便固定，保证工作时凸模不被拉出。图 2-54（a）所示为用在较大直径的凸模，图 2-54（b）所示为用在小直径的凸模，它们适用于冲裁力和卸料力大的场合。图 2-54（c）所示为快换式的小凸模，维修更方便。

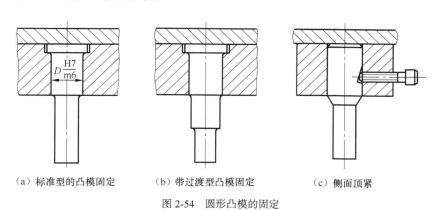

（a）标准型的凸模固定　　　（b）带过渡型凸模固定　　　（c）侧面顶紧

图 2-54　圆形凸模的固定

图 2-55 所示为非圆形凸模的常用固定方式。凡是截面为非圆形，如果采用台阶式的结构，它的固定部分应尽量简化成简单形式的几何截面（圆形或矩形）。

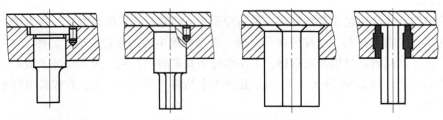

（a）带防转销凸台固定　　（b）带防转销的铆合固定　　（c）铆合固定直通凸模　　（d）粘接固定直通凸模

图 2-55　非圆形凸模的固定

图 2-55（a）、（b）所示为应用较广泛的两种方法。但无论使用哪一种固定方法，只要工作部分截面是非圆形的，而固定部分是圆形的，都必须在固定端接缝处加防转销。用铆接法固定方式时，铆接部分的硬度比工作部分低。

图 2-55（c）、（d）所示为直通式凸模。直通式凸模一般用线切割加工，截面形状复杂的凸模，广泛应用这种结构。

图 2-55（d）所示为用黏结剂黏结固定，这种方法多用在凸模冲裁（如电动机定子、转子冲槽孔）。它可以简化凸模固定板加工工艺，便于在装配时保证凸模与凹模的正确配合。此时，凸模固定板上安装凸模的孔的尺寸比凸模大，留有一定的间隙，以便充填黏结剂。为了黏结牢靠，在凸模的固定端或固定板相应的孔上，应开设一定的槽形。常用的黏结剂有低熔合金、环氧树脂、无机黏结剂等。

图 2-56 所示为大、中型冲裁凸模，其中图（a）为用面接触定位，而图（b）为用销钉定位。

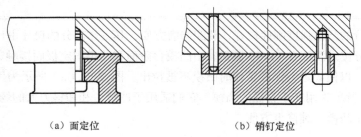

（a）面定位　　　　　　　　　　　（b）销钉定位

图 2-56　大、中型凸模的固定

步骤三　分析凹模的结构特点

冲模常用的凹模结构形式主要有 3 种，即整体式凹模、镶拼式凹模和组合凹模。拆卸图 2-58 所示的凹模，讨论它的结构特点和固定方法。

┘讨论┕

如图 2-58 所示，常用的凹模孔口形式有 4 种。图 2-58（a）、（b）、（c）所示为直筒式刃口凹模，它们的特点是制造方便，刃口强度高，刃磨后工作部分尺寸不变。图 2-58（a）所示为全直壁型孔，只适用于顶件式模具，如凹模型孔内带顶板的落料模与复合模；图 2-58（b）、（c）带有漏料间隙，适合下模漏料的模具结构，但是因废料（或制件）的聚集而增大了推件力和凹模的胀裂力，给凸、凹模的强度带来了不利的影响。图 2-58（b）所示的结构常用在圆形制件冲裁模中，

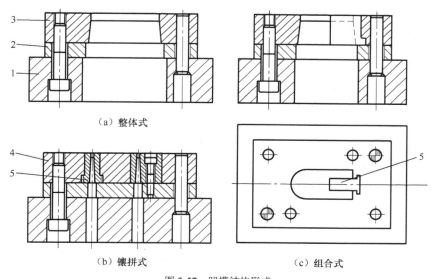

（a）整体式

（b）镶拼式

（c）组合式

图 2-57　凹模结构形式

1—下模座　2—垫板　3—凹模　4—凹模固定板　5—镶块

它的漏料部分可以用普通的机械加工获得，而图 2-58（c）则用线切割加工获得，常用在异形制件冲裁模中。图 2-58（d）所示为锥筒式刃口，凹模内不聚集材料，侧壁磨损小，但刃口强度差，刃磨后刃口径向尺寸略有增大。凹模锥角 α、后角 β 和洞口高度 h，均随制件材料厚度的增加而增大，一般取 $\alpha = 2° \sim 3°$，$\beta = 15' \sim 30'$，$h = (3 \sim 5)t$。

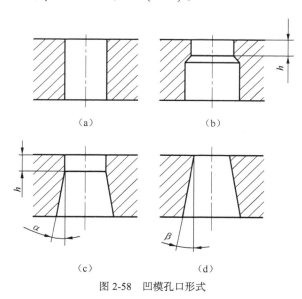

（a）　　　　　　　　　　（b）

（c）　　　　　　　　　　（d）

图 2-58　凹模孔口形式

步骤四　分析凸凹模的结构特点

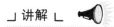

　　在复合冲裁模中，由于内外缘之间的壁厚决定于冲裁件的孔边距，所以当冲裁件孔边距较小

时必须考虑凸凹模强度。为保证凸凹模强度，它的壁厚不应小于允许的最小值。如果小于允许的最小值，就不宜采用复合模进行冲裁。

倒装复合模的冲孔废料容易积存在凸凹模型孔内，所受胀力大，凸凹模最小壁厚要大些。正装复合模的冲孔废料由装在上模的打料装置推出，凸凹模型孔内不积存废料，胀力小，最小壁厚可小于倒装复合模的凸凹模最小壁厚值。目前复合模的凸凹模最小壁厚值按经验数据确定，倒装式复合模的最小壁厚如表 2-10 所示，表中代号如图 2-59 所示。

表 2-10   冲裁凸凹模的最小壁厚

材料厚度	最小壁厚 a	最小直径 D	材料厚度	最小壁厚 a	最小直径 D	材料厚度	最小壁厚 a	最小直径 D	材料厚度	最小壁厚 a	最小直径 D
0.4	1.4		0.9	2.5		2.1	5.0	25	4.5	9.3	35
0.5	1.6		1.0	2.7	18	2.8	5.8		5.0	10.0	40
0.6	1.8		1.2	3.2		2.9	6.3	28	5.5	12.0	45
0.7	2.0	18	1.5	3.8		3.0	6.7				
0.8	2.3		1.75	4.0	21	3.5	7.8	32			
			2.0	4.3		4.0	8.5				

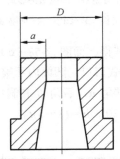

图 2-59   冲裁凸凹模的壁厚

项 目 训 练

小组研讨、总结学习体会，设计表 2-11 中凸模的固定方式。

表 2-11 凸模固定方式设计实训报告

班级_____ 姓名_____ 学号_____	
设计图 2-60 所示凸模的合理固定方法（固定部分结构根据固定方法补充），绘制草图于下表。	
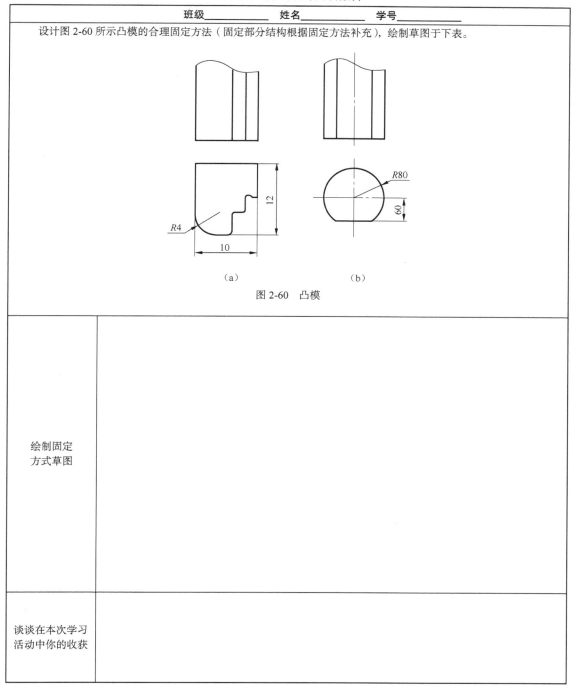 图 2-60 凸模	
绘制固定 方式草图	
谈谈在本次学习 活动中你的收获	

任务七　分析冲裁模定位零件结构

学习任务

学习冲裁模定位零件结构，完成表 2-13 中垫圈零件不同的冲压方式可采用的定位方式，并用草图表达。

➤ 学习目标

- 掌握常用定位零件的种类；
- 具有导料销、导料板、侧压装置等送进导向零件结构的分析能力；
- 具有挡料销、导正销、侧刃等送进定距零件结构的分析能力。

➤ 设备及工具

- 带挡料销、导正销、侧刃、定位板、导尺等定位零件的模具各一副（或相应模具图纸）；
- 内六角扳手、铜棒等模具拆卸工具。

➤ 学习过程

步骤一　认识常用定位零件的种类

⌐ 讲解 ⌐

由前面的结构分析已知，坯料在冲模内进行冲压，零件成形的相对位置、形状、尺寸是否正确，都是依靠模具中的定位零件来控制的。在不同的情况下，需要采用不同的定位方法，选用不同的定位零件或由几种不同的定位零件构成的定位机构，对坯料进行有效定位，以保证零件的冲制精度、生产效率和生产中的技术安全。

条料在模具送料平面中必须有两个方向的限位：一是在与送料方向垂直的方向上限位，保证条料沿正确的方向送进，叫做送进导向；二是在送料方向上的限位，控制条料一次送进的距离（步距），叫做送料定距。对于块料或工序件的定位，基本上也是在两个方向上的限位，只是定位零件的结构形式和条料的有所不同而已。

属于送进导向的定位零件有导料销、导料板（导尺）、侧压板等；属于送料定距的定位零件有始用挡料销、挡料销、导正销、侧刃等；属于块料或工序件的定位零件有定位销、定位板等。

步骤二　送进导向零件结构分析

1. 导料销

材料较厚时，送进导向通常采用导料销（一般设两个），并设在条料的同一侧。导料销的结构如图 2-61 所示，固定式和活动式的导料销可选用 GB2866.11—81 和 GB2866.5—81 标准。导料销导向定位多用在单工序模和复合模中。因为导料销仅仅是局部导料，条料在送料过程中如果发生翘曲，就会导致脱离导料销，所以导料销多应用在料厚大于 0.5mm 的场合。

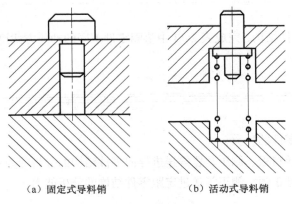

（a）固定式导料销　　　　（b）活动式导料销

图 2-61　导料销

2. 导料板

导料板一般设在条料两侧，其结构有两种：一种是国标结构（见图 2-62（a）），它与卸料板或导板分开制造；另一种是与卸料板制成整体结构（见图 2-62（b））。

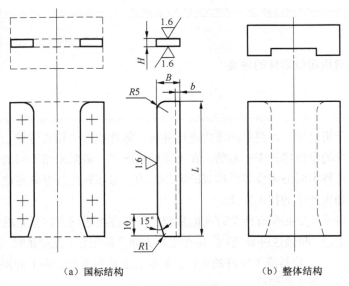

（a）国标结构　　　　　　　（b）整体结构

图 2-62　国标导料板

3. 侧压装置

如果条料的公差较大，为避免条料在导料板中偏摆，使最小搭边得到保证，应在送料方向的一侧装侧压装置，迫使条料始终紧靠另一侧导料板。侧压装置的结构形式如图 2-63 所示。国标中的侧压装置有两种：图 2-63（a）所示为弹簧式侧压装置，它的侧压力较大，适合用在厚板冲压模中；图 2-63（b）所示为簧片式侧压装置，侧压力较小，适合用在 0.3～1mm 的薄板冲压模中。

在实际生产中，还有两种侧压装置：图 2-63（c）所示为簧片压块式侧压装置，它的应用场合与图 2-63（b）相似；图 2-63（d）所示为板式侧压装置，它的侧压力大而且均匀，一般装在模具进料一端，适合用在侧刃定距的级进模中。

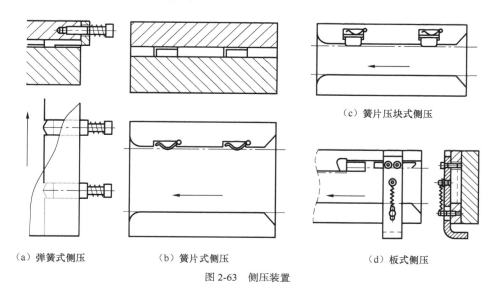

（c）簧片压块式侧压

（a）弹簧式侧压　　　　（b）簧片式侧压　　　　（d）板式侧压

图 2-63　侧压装置

步骤三　送进定距零件结构分析

常见限定条料送进距离的方式有两种：用挡料销挡住搭边或冲件轮廓以限定条料送进距离的挡料销定距；用侧刃在条料侧边冲切不同形状的缺口，限定条料送进距离的侧刃定距。但是这两种方法定距都只是粗定位，在实际中往往在上面两种方法中再采用导正销精定位。

1. 挡料销定距

挡料销根据工作特点和作用分为固定挡料销、活动挡料销和始用挡料销。

（1）固定挡料销

图 2-64（a）、（b）所示为国标上的 A 型和 B 型固定挡料销，它们的结构简单，制造容易，广

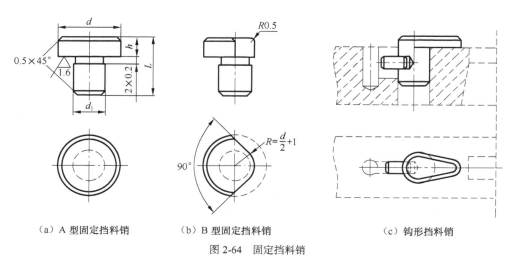

（a）A 型固定挡料销　　　（b）B 型固定挡料销　　　（c）钩形挡料销

图 2-64　固定挡料销

泛用来冲制中、小型冲裁件的挡料定距；缺点是销孔离凹模刃壁较近，削弱了凹模的强度。图 2-64（c）所示的钩形挡料销，它的销孔距离凹模刃壁较远，不会削弱凹模强度。但为了防止钩头在使用过程发生转动，增加了定向销，从而增加了制造工作量。采用固定挡料销定距时，需要在上模相应位置加工挡料销的让位孔。

（2）活动挡料销

某些情况下，上模不适合加工固定挡料销让位孔，这时需要采用活动挡料销定距。国标上活动挡料销结构如图 2-65 所示。其中，回带式挡料装置安装在固定卸料板上，条料进给迫使挡料销上升，然后挡料销借弹簧片的压力插入废料孔内，条料必须回带使废料孔靠住挡料销。这种挡料装置特别适合狭窄零件的冲裁，因为狭窄零件的废料孔套进套出固定挡料销很不方便。

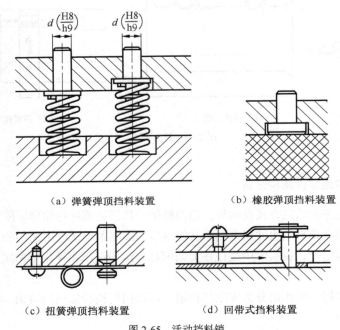

（a）弹簧弹顶挡料装置　　　　　（b）橡胶弹顶挡料装置

（c）扭簧弹顶挡料装置　　　　　（d）回带式挡料装置

图 2-65　活动挡料销

（3）始用挡料销

始用挡料销应用在以导料板送料导向的级进模和单工序模中，它的目的是提高材料利用率。图 2-66（a）所示为国标上的始用挡料销装置，实际设计中也有应用图 2-66（b）、（c）所示的两种装置。

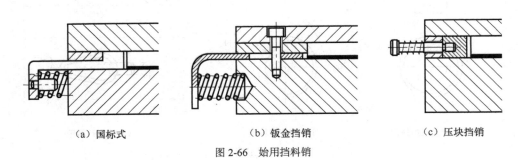

（a）国标式　　　　　　（b）钣金挡销　　　　　　（c）压块挡销

图 2-66　始用挡料销

2. 侧刃定距

侧刃定距的原理是在条料侧边冲去一个狭条，狭条长度等于步距，以此作为送料时的定距。它的优点是操作方便，送料步距较高，便于实现冲压自动化，但材料利用率较低。

侧刃形式有图 2-67 所示的 4 种，图 2-67（a）为长方形侧刃，它的结构简单，制造容易，但当刃口尖角加工不到位或者磨损后，冲裁狭条就会形成圆角与挡块发生干涉，而产生定距误差（见图 2-68（a））。图 2-67（c）采用两端过切，即便形成了圆角也脱离了挡块定位面，所以定距准确（见图 2-68（b）），但是这种切边宽度增加，材料消耗增多，侧刃复杂，制造困难。为了降低侧刃加工难度，也可采用图 2-67（b）所示的一端过切型侧刃（见图 2-68（c））。图 2-67（d）为尖角型侧刃，它和弹簧挡销配合使用，侧刃先切出一缺口，条料送进时当缺口直边滑过挡销后，再向后拉条料，直到挡销直边挡住缺口。使用尖角型侧刃定距料耗小，但操作不方便，生产率低，通常用于贵重金属的冲压中。

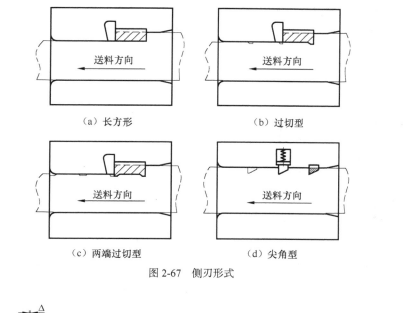

图 2-67 侧刃形式

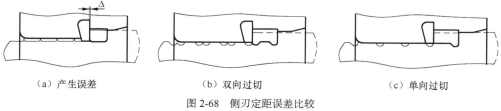

图 2-68 侧刃定距误差比较

侧刃实际上是一个冲裁凸模，它是单边冲切，因为条料的宽度有公差跳动，所以在设计时侧刃宽度一定要比冲裁的狭条宽，如图 2-67 所示。在冲裁厚板料时，为避免侧压力导致侧刃损坏，通常不切料的一边加工成台阶，凸出的台阶先进入凹模进行导向。图 2-69 所示为国标上的侧刃工作端面结构，其中图（a）为平面型，图（b）为台阶型。

3. 导正销定位

导正销主要用在级进模中，也可以用在单工序模中。它能起到精确定位的作用，消除送进导

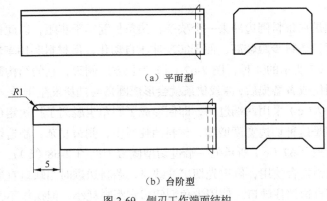

（a）平面型

（b）台阶型

图 2-69　侧刃工作端面结构

向和送料定距或定位板等粗定位的误差，保证孔和外形相对位置公差的要求。导正销可以和挡料销配合使用，也可以和侧刃配合使用。导正材料位置的方式有两种：一种是直接导正，即利用制件孔进行导正；另一种是间接导正，即被导正的孔是条料上另外设置的工艺孔。国标的导正销有如图 2-70 所示的 4 种结构形式。

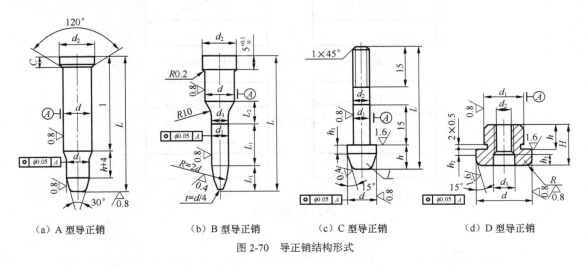

（a）A 型导正销　　　　　　（b）B 型导正销　　　　　（c）C 型导正销　　　　　（d）D 型导正销

图 2-70　导正销结构形式

　　导正销的安装方法和适用范围如表 2-12 所示。

表 2-12　　　　　　　　　　　　　　导正销的安装方法和适用范围

型　号	安　装　方　法	适　用　范　围
A 型	（a）　　　　　　　　（b）	A 型用来导正 $d = 2 \sim 12$mm 的孔；（a）用于直接导正，（b）用于间接导正

续表

型 号	安 装 方 法	适 用 范 围
B 型	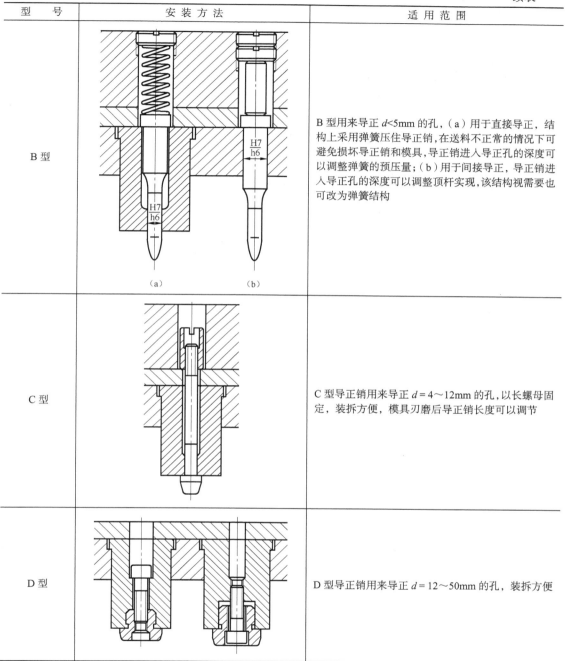 H7/h6 H7/h6 (a)　　(b)	B 型用来导正 $d<5$mm 的孔，（a）用于直接导正，结构上采用弹簧压住导正销，在送料不正常的情况下可避免损坏导正销和模具，导正销进入导正孔的深度可以调整弹簧的预压量；（b）用于间接导正，导正销进入导正孔的深度可以调整顶杆实现，该结构视需要也可改为弹簧结构
C 型		C 型导正销用来导正 $d=4\sim12$mm 的孔，以长螺母固定，装拆方便，模具刃磨后导正销长度可以调节
D 型		D 型导正销用来导正 $d=12\sim50$mm 的孔，装拆方便

步骤四　块料（工序件）定位零件结构分析

　　块料（工序件）的定位零件主要有定位板和定位销，其定位方式有外缘定位（见图 2-71（a））和内孔定位（见图 2-71（b））。定位方式是根据坯料或工序件的形状复杂性、尺寸大小和冲压工序性质等具体情况决定的。设计块料（工序件）定位装置时应遵循六点定位原理，尽量减小定位误差。另外，为了使定位板和定位面转角圆弧不与毛坯尖角发生干涉，转角处应该清角处理。在保证定位准确的前提下，应尽量减少定位板与毛坯的接触面积，以降低精加工成本，且放入或取出毛坯容易一些。

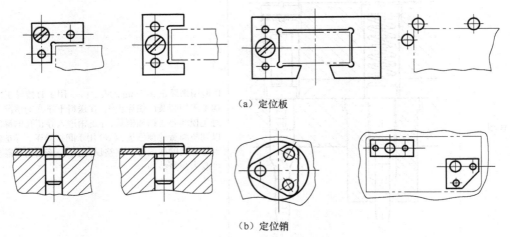

（a）定位板

（b）定位销

图 2-71　定位板和定位销的结构形式

项 目 训 练

小组研讨、总结学习体会，设计表 2-13 中垫圈零件不同的冲压方式的定位方式，并用草图表达。

表 2-13　　　　　　　　　　　　垫圈冲压定位方式设计实训报告

班级_____　　姓名_____　　学号_____

如果要冲压如图 2-72 所示的垫圈零件，分为复合模冲压、单工序模冲压和级进模冲压 3 种情况，讨论合理的定位方式，并绘制草图进行表达（绘制排样图或工序图，在排样图或工序图上绘制定位零件即可）。

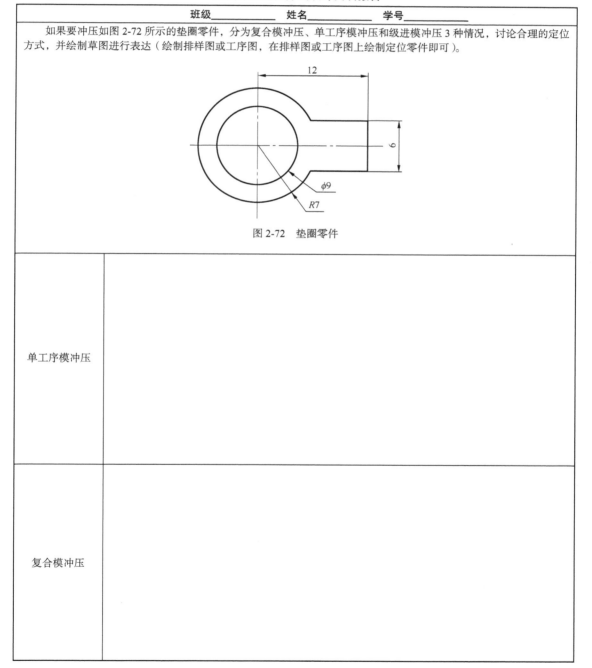

图 2-72　垫圈零件

单工序模冲压	
复合模冲压	

级进模冲压	
谈谈在本次学习活动中你的收获	

任务八　分析冲裁模退料装置结构

学习任务

学习冲裁模退料装置结构，分析表 2-14 中复合模的退料装置结构特点。

▶ 学习目标

- 具有刚性、弹性卸料装置结构特点的分析能力，并能分析各自的应用场合；
- 具有推件和顶件装置结构特点的分析能力；
- 具有选择废料切刀应用场合的能力。

▶ 设备及工具

- 带刚性卸料装置、弹性卸料装置、推件装置、顶件装置的模具一副（或相应模具图纸）；
- 内六角扳手、铜棒等模具拆卸工具。

▶ 学习过程

步骤一　拆装卸料装置

拆装图 2-44 所示的挡料销定距级进模，在老师的指导下分析其刚性卸料装置的特点，并分析其他刚性卸料装置的结构特点和应用场合。

┘ 讨论 ┕

如图 2-44 所示的级进模冲裁的板料厚度较大，需要的卸料力较大，所以使用刚性卸料装置比较可靠。但是刚性卸料的模具中，板料是处于无压料状态，冲制出来的零件有明显的翘曲现象，所以常用在厚板、精度要求不高的制品冲压。常用的刚性卸料装置如图 2-73 所示。

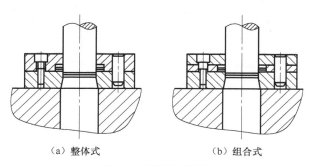

（a）整体式　　　　　（b）组合式

图 2-73　刚性卸料装置

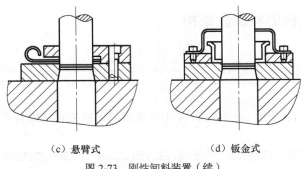

（c）悬臂式　　　　　　　　　　（d）钣金式

图 2-73　刚性卸料装置（续）

图 2-73（a）、（b）用于平板的冲裁卸料。其中图（a）为导料板与卸料板整体式结构，图（b）为组合式导料板结构。此时如果卸料板仅起卸料作用，凸模和卸料板的双边间隙取决于板料厚度，一般为 0.2～0.5mm。如果卸料板兼起导板作用，一般按 H7/h6 配合制造，但应该保证导板与凸模的间隙小于凸模和凹模的间隙，以保证凸模和凹模的正确配合。另外，卸料板对凸模有导向作用时，因为它们之间的间隙非常小，为保证凸模能顺利进入，开模状态下凸模不得脱离卸料板。图 2-73（c）、（d）一般用于成形后的工序件的冲裁卸料。

拆卸图 2-38 所示的导柱式落料模和图 2-46 所示的侧刃定距级进模，讨论它们的弹性卸料装置的结构特点。

┘讨论└

弹性卸料装置的工作原理：合模时其中的弹簧或橡胶等弹性元件受压，开模时它们回弹使卸料板相对于凸模有相对运动，实现将落料件或冲孔废料从凸模上卸下来。同时，弹压卸料还有压料的作用，所加工的零件平直度高，质量好。所以弹性卸料装置常用在要求较高的冲压或薄板冲压中。

图 2-74 所示的弹性卸料装置主要由卸料板、弹性元件（弹簧或橡胶）、卸料螺钉等构成。为保证弹性卸料装置的平衡，模具中的卸料元件应该对称布置，一般是 4 个、8 个、16 个或更多。

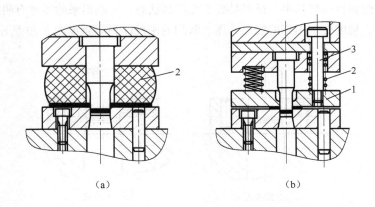

（a）　　　　　　　　　　　　　　（b）

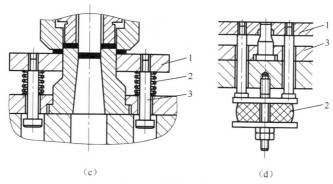

（c）　　　　　　　　　　　（d）

图 2-74　弹性卸料装置

1—卸料板　2—弹性元件　3—卸料螺钉

」拓展 ∟

　　弹性卸料装置的弹性卸料元件可以选择弹簧、橡胶或气垫，三者的弹压力曲线如图 2-75 所示。由图可知，氮气弹簧的弹压力不随着行程的增大而增大，所以使用氮气弹簧可以避免将板料压薄。

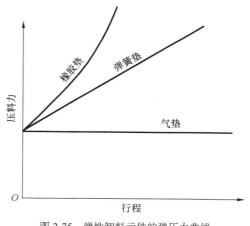

图 2-75　弹性卸料元件的弹压力曲线

步骤二　拆装推件装置

　　拆卸图 2-41 所示的倒装式复合模，在老师的指导下讨论刚性推件装置的结构特点。

」讨论 ∟

　　刚性推件的工作原理：利用打杆顶住压力机上的打料横梁，而上模没有到达上至点，使得由打杆、推板、推杆、推件块等零件构成的推件装置与上模有相对向下的运动，从而将制件或废料推出。它的结构通常有图 2-76 所示的两种。图 2-76（b）所示为不需要推板和推杆构成的中间传递结构，而由打杆直接推动推件块，也有直接由打杆推件的。刚性推件装置推件力大，工作可靠，应用非常广泛。

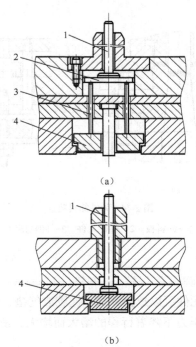

图 2-76　刚性顶件装置

1—打杆　2—推板　3—推杆　4—推件块

⌐ 讨论 ⌐

对于板料较薄并且平直度要求较高，或者推件力较小的情况，适合使用弹性推件装置，如图 2-77 所示，它以弹性元件提供的弹压力代替打杆给予推件块的推力。推件力较大时一般选用聚氨酯橡胶、碟形弹簧，推件力较小时可选用圆线弹簧。采用这种结构时，冲件质量较高。

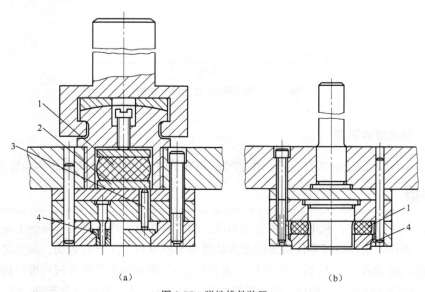

图 2-77　弹性推件装置

1—橡胶　2—推板　3—推杆　4—推件块

考虑到修模和调整的需要，设计时应该注意：合模状态下，推件块背后要留有一定的空间；开模状态下，应该保证能顺利复位，工作面高出凹模平面，以便继续冲裁。推件块与凸模或凹模之间设计为间隙配合，以保证顺利滑动，不发生干涉。

步骤三 拆装顶件装置

拆卸图 2-38 所示的导柱式落料模，分析并讨论顶件装置的结构特点。

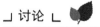 讨论

在下模无法漏料的情况下，也可以用顶件装置把制件或废料顶至凹模表面。制件平直度要求高或者成形压料时，也可以采用顶件装置压料。

如图 2-78 所示，顶件装置一般由顶杆、顶件块和装在下模的弹顶器构成。这种结构的顶件力可以通过调节弹顶器的螺母来调节，其工作可靠，冲裁件平直度高，成形件反弹小。弹定器可以用橡胶或弹簧提供弹压力，大型模具也可以采用压力机本身的气垫作为弹顶器。

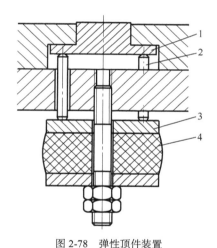

图 2-78 弹性顶件装置

1—顶件块 2—顶杆 3—夹板 4—橡胶

拓展

一些单工序模或复合模，在加工的块料较大时，如果采用卸料装置进行卸料则模具成本过高，并且效果不是很理想。此时，可以参考图 2-48 所示的导柱式落料模，采用废料切刀卸料装置，用废料切刀将废料切开卸料，它设有两个废料切刀；冲件形状复杂的冲模可以用多个废料切刀，甚至可以用弹性卸料配合废料切刀进行卸料。

图 2-79 所示为国标上的废料切刀的结构，其中图（a）为圆废料切刀，用在小型模具和薄板冲压的卸料中；图（b）为方形废料切刀，用在大型模具和厚板冲压的卸料中。设计时，废料切刀的刃口长度应该比废料宽度大，刃口比凸模或凸凹模刃口低，它们的高度相差为板料厚度的 2.5～4 倍，并且不小于 2mm。

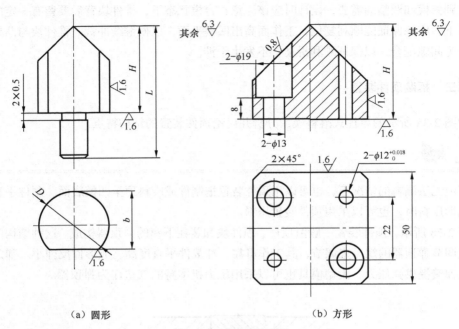

（a）圆形 （b）方形

图 2-79 废料切刀的结构

项 目 训 练

小组研讨、总结学习体会，分析表 2-14 中复合模退料装置结构特点。

表 2-14   复合模退料装置分析实训报告

班级_____ 姓名_____ 学号_____

分析图 2-80 所示复合模退料装置的零件组成并写出各零件名称，分析这副模具退料装置的结构特点。

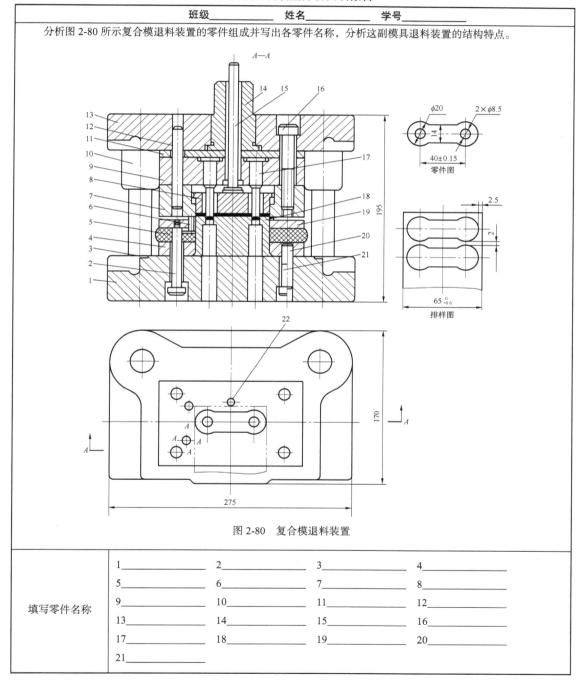

图 2-80 复合模退料装置

填写零件名称			
1_____	2_____	3_____	4_____
5_____	6_____	7_____	8_____
9_____	10_____	11_____	12_____
13_____	14_____	15_____	16_____
17_____	18_____	19_____	20_____
21_____			

该模具中哪些零件属于退料零件，各自起什么作用	
该模具哪些部分属于弹性退料，哪些部分属于刚性退料，并据此分析弹性退料和刚性退料各自的应用场合	
谈谈在本次学习活动中你的收获	

任务九 分析冲裁模结构零件

学习任务

学习冲裁模结构零件，完成表 2-15 所示的实训报告。

▶ 学习目标

- 具有标准模架结构的分析能力；
- 具有标准模柄结构的分析能力；
- 具有紧固零件在冲压模中应用的析能力。

▶ 设备及工具

- 后侧式、中间式、对角式和四柱式模架各一副（或模架图片）；
- 压入式、旋入式、凸缘式和浮动式模柄各一个（或模柄图片）；
- 内六角螺钉、销钉数个。

▶ 学习过程

步骤一 标准模架结构及应用场合分析

在老师的指导下认识图 2-81 所示的滑动导向模架，讨论其结构特点和应用场合。

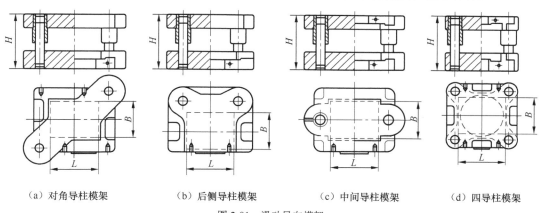

(a) 对角导柱模架   (b) 后侧导柱模架   (c) 中间导柱模架   (d) 四导柱模架

图 2-81 滑动导向模架

┘ 讨论 ∟

根据导柱与导套的摩擦性质，模架可以分为滑动导向与滚动导向两种。国标规定了导柱和导套的配合精度、上模座上平面对下模座下平面的平行度、导柱轴心线对下模座下平面的垂直度等，保证了模架具有一定的精度。

标准模架依据导柱安装位置的不同分为图 2-81 所示的 4 种。其中，对角导柱模架、中间导柱模架和四导柱模架的导向装置都是安装在模架的对称线上，滑动平稳，导向准确可靠。所以一些导向精度要求高的模具都使用这 3 种结构形式。对角导柱模架上、下模座，其工作平面的横向尺寸 L 一般大于纵向尺寸 B，常用在横向送料或块料加工的模具中。中间导柱模架只能纵向送料，一般用在纵向送料或块料加工的模具中。后侧导柱模架的导向装置在后侧，横向和纵向送料都比较方便，但受偏心载荷或压力机导向精度等因素的影响，会造成上模歪斜，导向装置和工作零件容易磨损。

图 2-81 所示标准模架的导柱与导套之间是滑动配合，即为滑动导向。滑动导向是指导柱与导套之间采用的是 H7/h6 或 H7/h5 配合。图 2-82 所示为国标 A 型、B 型导柱和导套，它们适用于滑动导向模架。滑动导柱、导套一般采用过盈配合安装在上、下模座，如图 2-83（a）所示。但是，过盈配合的安装方法拆卸、更换非常不方便，所以也经常采用图 2-83（b）所示的压圈固定方法。无论采用哪种固定方法，选用的导柱、导套都应符合图 2-83（a）所示的要求，并满足足够的导向长度。因为国标的滑动导柱、导套采用的是油润滑，所以上模座需要设计相应的注油槽。对角

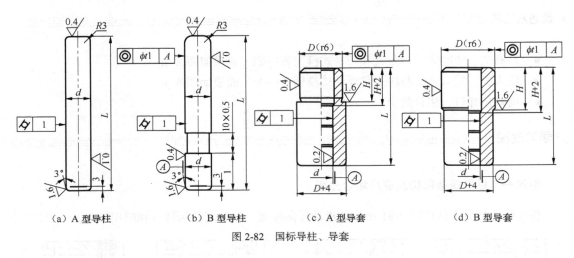

（a）A 型导柱　　（b）B 型导柱　　（c）A 型导套　　（d）B 型导套

图 2-82　国标导柱、导套

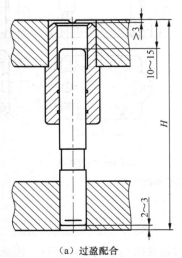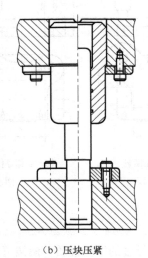

（a）过盈配合　　　　　（b）压块压紧

图 2-83　滑动导柱、导套的安装方法

导柱模架、中间导柱模架、四导柱模架为对称式模架，容易安装反向而导致损坏工作零件。为避免这种情况的发生，通常将其中一个导柱设计成与其余导柱尺寸不同。

⌐ 拓展 ∟

图 2-40 所示的超短凸模的小孔冲模使用的是滚动式导柱导套，它的导向精度高于滑动导向模架。滚动导向模架是在导柱与导套间装有预先过盈压配的钢球，进行相对滚动的模架。它的特点是导向精度高，运动刚性好，使用寿命长。滚动导向模架主要用于高精度、高寿命的冲模中。滚动导向装置及钢球保持圈如图 2-84 所示。滚珠在导柱与导套之间应保证导套内径与导柱在工作时有 0.01～0.02mm 的过盈量。

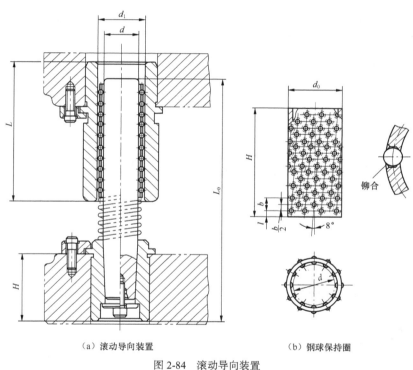

（a）滚动导向装置　　　　　（b）钢球保持圈

图 2-84　滚动导向装置

步骤二　标准模柄结构及应用场合分析

⌐ 讲解 ∟

很多冲模的上模是通过模柄安装在压力机滑块上的。国标上模柄有如图 2-85 所示的 7 种形式，均有打杆安装孔，如果没有顶出装置就可以选用没有打杆安装孔的。选用、安装模柄要求与压力机滑块上的模柄孔配合可靠、正确；同时要保证与上模连接可靠，不发生转动，所以图 2-85（a）、（b）所示的模柄安装后，必须与上模座配装防转销或防转螺丝。

图 2-85（a）所示的压入式模柄与上模座以 H7/h6 配合，并加销钉以防止转动，主要使用在上模具较厚重的情况下，设计上模座的沉孔深度必须比选用的模柄挂台高度小，以便安装后磨平。图 2-85（b）所示的旋入式模柄是通过螺纹与上模座连接的，并加螺丝放松，主要使用在中小型模具上。图 2-85（c）所示的凸缘模柄是用 3～4 个螺钉紧固在上模座，主要使用在大型模具上，特别是有顶

出装置的模具。在图 2-85（f）所示的浮动模柄和图 2-85（g）所示的推入式模柄中，压力机的压力通过球面模柄和垫块传递给模具，因为是球面接触能够自动调节，从而有效消除压力机导向误差对模具导向精度的影响，一般使用在精度要求较高的模具上。图 2-85（d）所示的槽形模柄和图 2-85（e）所示的通用模柄都是应用直接固定凸模的情况，主要使用在简单模中，使用方便。

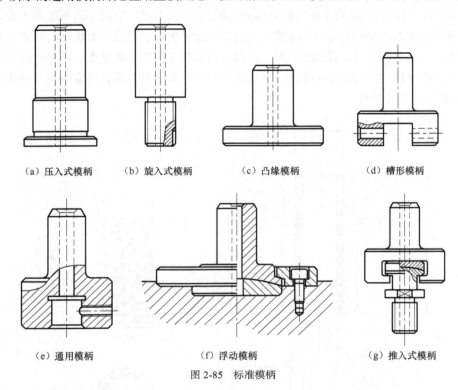

（a）压入式模柄　　（b）旋入式模柄　　（c）凸缘模柄　　（d）槽形模柄

（e）通用模柄　　　　（f）浮动模柄　　　　（g）推入式模柄

图 2-85　标准模柄

步骤三　内六角螺钉与销钉结构参数认识

」讲解 」

冲模中的紧固零件主要包括螺钉和销钉。螺钉主要用来连接紧固模具中各零件，使它们成为一体；而销钉则起定位作用。

冲模中一般选用内六角螺钉。这种螺钉紧固牢靠，并且螺钉头埋伏在模板内，不占有模具空间，外形也美观。销钉常采用圆柱形结构，每副模具中不能小于两个销钉，为防止磨损失效，新作模具往往会加工 4 个销钉孔，而装配时仅使用两个，另外两个在修模时使用。

螺钉、销钉都选用标准件，根据模具的强度要求通常选用 M6～M10 的内六角螺钉，相应的销钉选用 ϕ6mm～ϕ10mm。销钉配合通常有滑合与打入两种方式，滑合采用的是过渡配合，而打入采用的是过盈配合。

螺钉和销钉的设计参数应满足图 2-86 所示的要求。

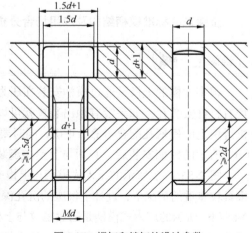

图 2-86　螺钉和销钉的设计参数

项 目 训 练

学习冲裁模结构零件，完成表 2-15 所示的实训报告。

表 2-15　　　　　　　　　　冲裁模结构零件分析实训报告

班级_____ 姓名_____ 学号_____

到网上搜索 10 家以上模具标准件生产厂家，将企业名称和网址记录下来	
分析滑动式和滚动式导柱、导套各自的特点和应用场合	
请绘制 M8 内六角螺钉连接两块模板的草图	
谈谈在本次学习活动中你的收获	

项目三

弯曲工艺与弯曲模

任务一　弯曲加工操作

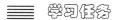 学习任务

实习弯曲加工操作（或观看弯曲工序视频），小组研讨变形过程，分析弯曲变形特点，探讨回弹现象，完成表 3-1 所示的实训报告。

➤ 学习目标

- 掌握弯曲成形方法及弯曲变形过程；
- 具有分析弯曲模工作过程和弯曲变形特点的能力；
- 具有分析弯曲回弹减少方法的能力。

➤ 设备及工具

- 简单弯曲模一副（或弯曲工序视频）；
- 弯曲用材料若干；
- 内六角扳手、铜棒、铁锤等模具拆装工具一套。

➤ 学习过程

步骤一　弯曲加工操作

在老师的指导下利用图 3-1 所示的简单弯曲模按图 3-3 所示顺序进行弯曲模加工操作，获得一个"V"形弯曲制件（或观看教学课件中的弯曲工序视频）。

⌐讲解⌐

如图 3-2 所示，把材料放在凹模上，上模在手动压力作用下下压，凸模接触毛坯并逐渐向下压，毛坯受压产生弯曲变形，随着凸模的不断下移，毛坯弯曲半径逐渐减小，这个过程称为自由弯曲。随着凸模把毛坯压入凹模的型腔中，毛坯被紧紧压在凸凹模之间，内弯曲半径和凹模圆角半径吻合，得到所需要的形状，这个过程叫做校正弯曲。

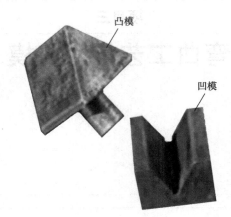

图 3-1　简单弯曲模

（a）安放材料　　（b）施加压力　　（c）打开模具　　（d）把制件和凸模进行比较

图 3-2　弯曲模工作过程

」定义 ∟

弯曲是把金属板材、型材、管材等毛坯按照一定的曲率或角度进行变形，从而得到一定角度和形状零件的冲压工序。弯曲零件应用非常广泛，图 3-3 所示的零件都是弯曲制件。

（a）板材弯曲件　　（b）型材弯曲件　　（c）管材弯曲件

图 3-3　弯曲制件

」拓展 ∟

在图 3-3 所示的弯曲成形方法的基础上，了解弯曲的基本定义和它的不同成形方法的应用范围。

步骤二　小组研讨弯曲变形过程

重复操作弯曲模的工作过程可以得出，它可以划分为图 3-5 所示的 4 个步骤。

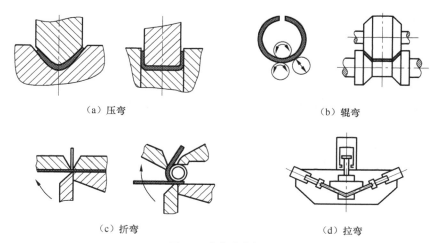

（a）压弯　　　　　　　　　　　　（b）辊弯

（c）折弯　　　　　　　　　　　　（d）拉弯

图 3-4　弯曲成形方法

⌐ 讲解 ⌐

① 凸模随压力机滑块下行，凸模和毛坯单点接触并施加压力，板料受弯矩作用发生弹性变形（见图 3-5（a））。

② 上模继续下行，压力增大，超过板料的屈服强度而开始发生塑性变形，这时自由弯曲，弯曲力臂 L_0 变为 L_1（见图 3-5（b））。

③ 上模继续下压，毛坯弯曲区域逐渐减小，直到和凸模 3 点接触，这时内层弯曲半径已由 R_1 变为 R_2，力臂变得更小，由 L_1 变为 L_2（见图 3-5（c））。

④ 最后在压力作用下，毛坯的直边部分则向和以前相反的方向弯曲。到行程结束时，凸、凹模对毛料进行校正，使它的圆角、直边和凸模全部靠紧，弯曲力臂变为最小值 L_3（见图 3-5（d））。

步骤三　分析弯曲变形特点

对照图 3-6 所示的弯曲变形前后板料侧壁的网格变化情况，讨论弯曲变形的特点。

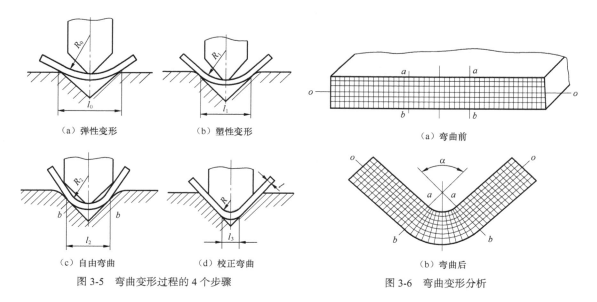

（a）弹性变形　　　　（b）塑性变形　　　　　　（a）弯曲前

（c）自由弯曲　　　　（d）校正弯曲　　　　　　（b）弯曲后

图 3-5　弯曲变形过程的 4 个步骤　　　　　图 3-6　弯曲变形分析

105

结论

① 在弯曲中心角 a 的范围内，网格发生了明显变化——由正方形变成了扇形，通常把这一段称为塑性变形区。直边部分除和圆角相近的"过渡部分"有少量变形外，其余不发生塑性变形。

② 塑性变形区网格发生了显著的变化，弯曲前 $\overline{aa} = \overline{bb}$，弯曲后 $\overset{\frown}{aa} < \overline{aa}$，而 $\overset{\frown}{bb} > \overline{bb}$，即弯曲后内缘的金属切向受压而缩短，外缘的金属切向受拉而伸长。

③ 塑性变形区的内侧材料受到的压缩短，外侧材料受到的拉伸长，且压缩和拉伸的程度都是表层最大，向中间逐渐减小。在缩短的内侧和伸长的外侧之间存在着一个长度保持不变的中性层，中性层的长度等于弯曲前毛坯的长度，但它的位置不一定是在材料厚度的中心。

步骤四　探讨回弹现象

在图 3-2（d）中，对 V 形弯曲制件和凸模进行了比较，可以发现制件角度明显大于凸模角度，这种现象称为弯曲回弹，原因是弯曲塑性变形的同时存在弹性变形，当外力撤除后弹性变形回复而导致角度变大。在老师的提示下，讨论影响弯曲回弹的因素。

提示

（1）材料的力学性能

回弹角的大小和材料的屈服强度（δ_s）成正比，和弹性模数 E 成反比。δ_s/t 越大，回弹越大。因为材料性能往往是不稳定的，导致回弹量也不稳定。

（2）相对弯曲半径 r/t

相对弯曲半径 r/t 越小，弯曲变形程度越大，则塑性变形在总变形中所占比重越大，因而回弹越小。相反，r/t 越大，回弹越难以控制。所以，相对弯曲半径过小时容易拉裂，而过大时因回弹的影响，精度不易保证。

（3）弯曲方式

弯曲过程是由自由弯曲到校正弯曲的过程。其中校正弯曲比自由弯曲回弹小，校正力越大回弹角越小。弯曲时，凸、凹模间隙越大，回弹角度越大。

（4）工件形状

在其他条件相同的情况下，弯曲线越长，回弹值越大；如果弯曲件越复杂，一次弯曲成形的数量越多，则弯曲各部分相互牵制的作用越大；弯曲中拉伸变形的成分越大，回弹量就越小，所以弯制 U 形工件比弯制 V 形工件的回弹角小。

项 目 训 练

小组研讨、总结学习体会，完成表 3-1 所示的实训报告。

表 3-1   弯曲加工操作实训报告

班级_____ 姓名_____ 学号_____	
绘制图 3-1 所示模具的总装简图	
简单描述图 3-1 所示弯曲模的工作过程	
小组讨论回弹的影响因素，并查阅相关资料，归纳减少回弹的措施	
谈谈在本次学习活动中你的收获	

任务二　计算弯曲毛坯尺寸

=== 学习任务 ===

学习弯曲毛坯尺寸的计算方法，计算表 3-3 中弯曲工件的毛坯尺寸。

➤ 学习目标

- 理解弯曲毛坯尺寸计算的原理；
- 具有中性层长度的计算能力；
- 具备应用 AutoCAD 计算弯曲制件的毛坯尺寸的能力。

➤ 设备及工具

- V 形弯曲制件（或 V 形弯曲制件图片）；
- 机房（装有 AutoCAD 软件）。

➤ 学习过程

步骤一　确定中性层曲率半径

在进行弯曲工艺和弯曲模具设计时，要计算出弯曲件毛坯的展开尺寸。由弯曲变形的特点可知，中性层在弯曲前后长度不变，即弯曲件的中性层长度就是弯曲件的展开尺寸，也就是所要求的毛坯长度。

中性层位置以曲率半径 ρ 表示（见图 3-7），通常用下面的经验公式确定：

$$\rho = r + xt \tag{3-1}$$

式中：xt——中性层距内表面的距离，x 是和变形程度有关的中性层位置系数。弯曲形状、变形程度如果不同，x 系数也不同。通常根据弯曲毛坯的形状特点和变形程度查询 x 系数的经验值。

步骤二　计算弯曲毛坯展开长度

中性层位置确定后，把零件划分为直线和圆角的各个不同单元体，直线部分的长度不变，而弯曲的变形部分长度按中性层相对位移后计算，各部分长度的综合即毛坯展开尺寸。如图 3-8 所示，坯料总长度应等于弯曲件直线部分和圆弧部分长度之和，即 $L = \Sigma L_{直} + \Sigma L_{圆}$，它的展开长度 L 按如下公式计算：

$$L = l_1 + l_2 + \frac{\pi\alpha}{180}\rho = l_1 + l_2 + \frac{\pi\alpha}{180}(r + xt) \tag{3-2}$$

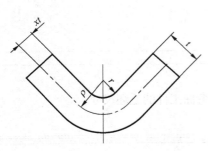

图 3-7　中性层位置

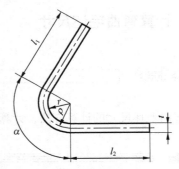

图 3-8　有圆角半径的弯曲展开

式中：L——坯料展开总长度；

　　　　α——弯曲中心角；

　　　　x——中性层位移系数，查表 3-2 可得。

表 3-2　　　　　　　　　　　　有圆角半径的弯曲中性层位置系数 x

r/t	0.1	0.2	0.3	0.4	0.5	0.6	0.7	0.8	0.9	1.0
x	0.310	0.325	0.335	0.340	0.345	0.355	0.358	0.360	0.363	0.365
r/t	1.1	1.2	1.3	1.4	1.5	1.6	1.7	1.8	1.9	2.0
x	0.369	0.373	0.377	0.381	0.385	0.388	0.392	0.395	0.400	0.405
r/t	2.1	2.2	2.3	2.4	2.5	2.6	2.7	2.8	2.9	3.0
x	0.408	0.411	0.414	0.417	0.420	0.423	0.426	0.429	0.423	0.435

实例

计算图 3-9 所示弯曲件的坯料展开长度。

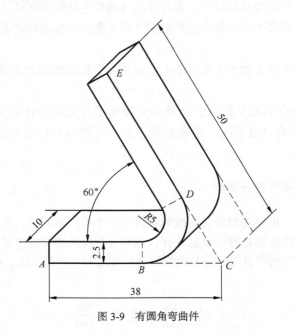

图 3-9　有圆角弯曲件

解：根据坯料展开长度公式

$$L = \Sigma L_{值} + \Sigma L_{圆}$$

即

$$L = AB + DE + BD$$

$$DE = CE - CD = 50 - (R+t)\cot\frac{60°}{2} = 50 - 7.5\cot 30° \approx 37\text{mm}$$

$$AB = AC - CB = 38 - (R+t)\cot\frac{60°}{2} = 38 - 7.5\cot 30° \approx 25\text{mm}$$

由 r/t=2，查表 3-1 可知 x = 0.405

$$BD = \pi(r+xt)\frac{\alpha}{180} = 3.14 \times (5+0.405 \times 2.5)\frac{180°-60°}{180°} = 12.586\text{mm}$$

$$L = 25 + 37 + 12.586 = 74.58\text{mm}$$

步骤三 应用 AutoCAD 计算弯曲毛坯展开长度

应用 AutoCAD 软件来计算弯曲毛坯展开长度，可以避免复杂的人工计算。

」演示 L

以图 3-10 所示的挂环零件为例。

首先确定它的中性层位置（按 t = 1.6mm 计算），4 段圆弧半径分别是 $R3.4$ 和 $R14.4$，所以系数 x 分别是 0.408 和 0.5（大于表 3-1 中的数值 x 均取 0.5），也就是 4 段圆弧的中性层距离内圆距离 xt 分别是 0.653mm 和 0.8mm，所以应用 AutoCAD 偏移命令（OFFSET）向内偏移距离分别是 0.653 和 0.8。如图 3-11 所示，图中粗实线是圆弧中性层。

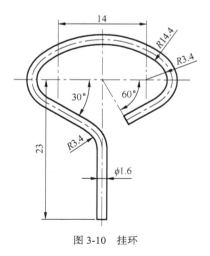

图 3-10 挂环

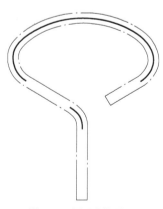

图 3-11 圆弧中性层

直线段即可偏移 0.8mm，把直线段和圆弧段中性层首尾相接，并用编辑多段线命令（PEDIT）把它们转成多段线，即得整个制件的中性层，如图 3-12（a）所示。利用列表命令（LIST）查询长度为 66.6726mm，如图 3-12（b）所示。

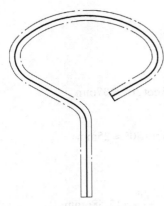

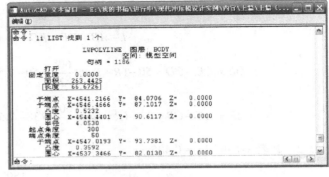

（a）经移动编辑的中性层 （b）列表对话框（框选的即为中性层长度）

图3-12 查询中性层长度

项 目 训 练

学习弯曲毛坯尺寸的计算，完成表 3-3 中弯曲工件的毛坯尺寸。

表 3-3   弯曲工件毛坯尺寸计算实训报告

班级_____ 姓名_____ 学号_____		
图 3-13 所示为弯曲工件零件图，试计算毛坯尺寸。 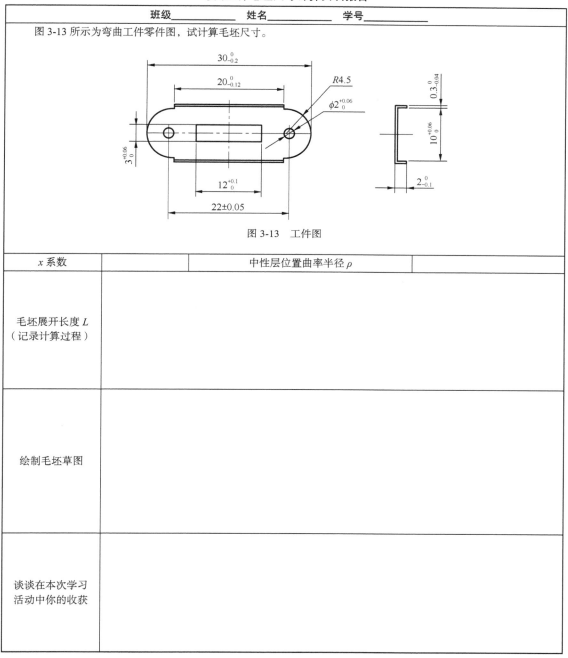 图 3-13 工件图		
x 系数	中性层位置曲率半径 ρ	
毛坯展开长度 L （记录计算过程）		
绘制毛坯草图		
谈谈在本次学习 活动中你的收获		

任务三 分析弯曲制件的工艺性

学习任务

通过学习弯曲制件的工艺性，分析表 3-5 中支撑架的弯曲工艺性。

➤ 学习目标

- 理解最小相对弯曲半径；
- 具有分析弯曲制件的结构工艺性的能力；
- 具有改善弯曲制件常见成形质量缺陷方法的能力；
- 掌握弯曲工序安排的一般方法。

➤ 设备及工具

0.5mm 厚的纯铜板料和 45 钢板料各若干。

➤ 学习过程

步骤一 讨论最小相对弯曲半径相关因素

由弯曲变形特点可知：变形区的圆角半径越小，则外层受拉变形程度越大；一旦超过了材料的伸长率（δ），外层即被拉裂。在坯料最外层纤维弯曲时不发生破坏的条件下，工件能够弯成的内表面的最小圆角半径，称为最小圆角半径。生产实际中通常用最小圆角半径相对于坯料厚度的比值来表示最小相对弯曲半径，即 r_{min}/t。r_{min}/t 的值越小，板料弯曲的性能越好。观看老师演示在不同条件下，弯曲变形得到制件的特点，并讨论影响 r_{min}/t 的因素。

⌐ 演示 ⌐

① 分别把 0.5mm 厚的纯铜料和 45 钢板料手工折弯，结果将出现弯曲到一定程度 45 钢比纯铜料先出现裂纹。

② 如图 3-14 所示，对同一种材料向不同方向手工折弯，结果是图 3-14（b）所示弯曲方向先出现裂纹。

③ 有两片同一种材料的料带，一片的表面上稍有划伤，另一片料带完好。两片料带同时进行同方向弯曲，结果有划伤的一片料带先出现裂纹。

⌐ 讨论 ⌐

① 材料的塑性越好，塑性变形的稳定性越强，允许的最小弯曲半径就越小。

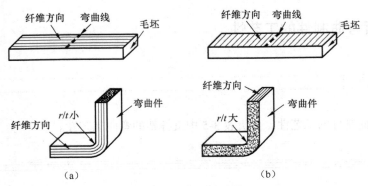

图 3-14　不同方向的弯曲

② 弯曲中心角越小，变形分散越显著。$\alpha > 70°$ 时，影响明显减弱。

③ 板料表面和断面的质量差，将降低塑性变形的稳定性，使材料过早地破坏。在这种情况下应选用较大的弯曲半径。

④ 冷轧板有明显的纤维方向性，它的纵向塑性指标比横向好。因此，加工 r/t 较小的工件时，它的排样应尽量和纤维方向垂直，如果工件有两个互相垂直的弯曲线，应在排样时使两个弯曲线和板料的纤维方向成夹角（见图 3-15）。

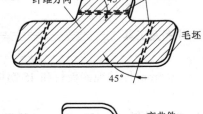

图 3-15　同制件不同方向的弯曲方法

步骤二　讨论弯曲形状工艺性

（1）形状力求对称

如图 3-16 所示，弯曲件形状不对称时，由于坯料两边和凹模圆角处的接触摩擦力大小不相等，使坯料如箭头所示向一边滑移。

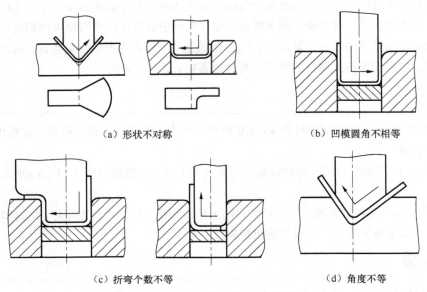

（a）形状不对称　　　　　　　　（b）凹模圆角不相等

（c）折弯个数不等　　　　　　　（d）角度不等

图 3-16　弯曲件形状引起的偏移

（2）形状力求简单

弯曲件形状应力求简单。如图 3-17 所示，边缘有缺口的制件，如果在毛坯上先把缺口冲出，弯曲时会出现叉口现象，严重时难以成形，这时必须在缺口处留有连接带（阴影部分），弯曲后再把连接带切除。

（3）弯曲件直边高度

如图 3-18（a）所示，如果 U 形弯曲制件右边的高度 $H < 2t$，将导致变形不稳定，弯曲角大于 90°。图 3-18（b）所示斜线和直线相交处，因为高度过小，导致开裂。

（4）弯曲件孔、槽和边的距离

带孔或槽的弯曲制件，如果孔或槽位于弯曲变形区内，则孔或槽的形状会发生畸变。为避免孔形变化，必须使孔位和变形区保持一定距离。如图 3-19 所示，孔边到弯曲半径中心的距离应满足如下关系：

当 $t < 2$mm 时，$a > t$；当 $t \geq 2$mm 时，$a > 1.5t$。

当 $b < 25$mm 时，$a_1 \geq 2t$；当 $25 < b \leq 50$mm 时，$a_1 \geq 2.5t$；当 $b > 50$mm 时，$a_1 \geq 3t$。

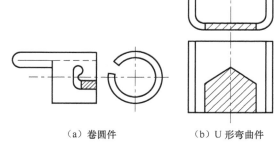

（a）卷圆件　　　（b）U 形弯曲件

图 3-17　带缺口的弯曲件

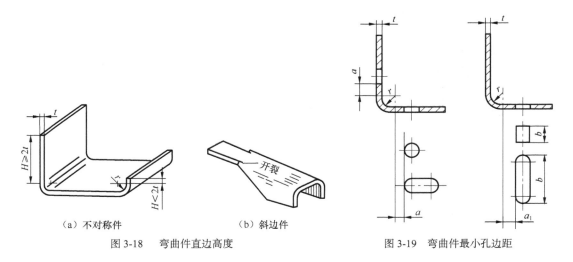

（a）不对称件　　　　　（b）斜边件

图 3-18　弯曲件直边高度

图 3-19　弯曲件最小孔边距

步骤三　讨论弯曲尺寸的工艺性

（1）弯曲件的尺寸精度

弯曲件的尺寸精度受坯料定位、偏移、翘曲、回弹等因素的影响，弯曲的工序数目越多，精度也越低。所以，对弯曲件的尺寸精度要求不能太高。

（2）弯曲件的尺寸标注

弯曲件的尺寸标注对它的工艺性有很大的影响。图 3-20 所示为弯曲件孔位置尺寸的两种标注方法。图 3-20（a）所示的标注法，孔的位置精度与弯曲尺寸无关，工艺顺序为落料→冲孔→弯曲。图 3-20（b）所示的标注法，孔的位置精度和弯曲尺寸相关，工艺顺序为落料→弯曲→冲孔。

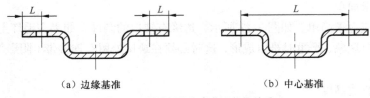

（a）边缘基准　　　　　　　　　　　　（b）中心基准

图 3-20　尺寸标注和弯曲工艺的关系

步骤四　改善弯曲成形质量缺陷

弯曲成形质量常见的缺陷有偏移、回弹和畸变。在老师的指导下，讨论改善这 3 种缺陷的方法。

1. 偏移

偏移引起的根本原因是坯料所受的摩擦力不均匀，解决的方法如图 3-21 和图 3-22 所示。

2. 回弹

回弹是无法消除的，有下面几种方法可以减少回弹。

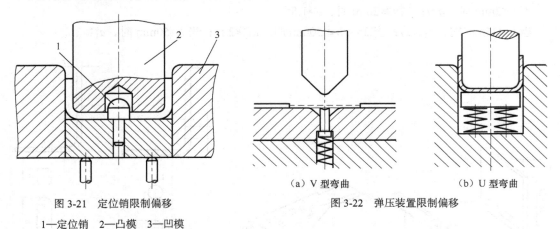

（a）V 型弯曲　　　　　　　　　　（b）U 型弯曲

图 3-21　定位销限制偏移　　　　　　图 3-22　弹压装置限制偏移

1—定位销　2—凸模　3—凹模

（1）改善产品结构

图 3-23 所示为增加了加强筋。

（2）改善工艺方法

可以采用校正弯曲代替自由弯曲；也可以对冷作硬化的材料进行退火处理，降低它的硬度以减少回弹；还可以如图 3-24 所示，改压弯为拉弯。

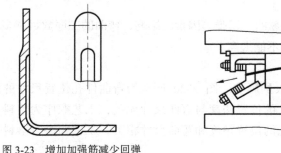

图 3-23　增加加强筋减少回弹

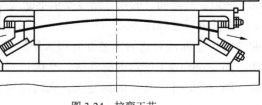

图 3-24　拉弯工艺

（3）合理设计模具结构

合理设计模具结构来减少回弹，通常有补偿法和校正法两种方法。图 3-25 所示为利用补偿法来减少回弹。所谓补偿法，是指按照预先估算或试验得到的回弹角大小，在模具工作部分相应的形状和尺寸中予以"扣除"（图中 $\Delta\alpha$ 即为补偿角），从而使开模后的弯曲件获得要求的形状和尺寸。图 3-26 所示的模具结构都是通过校正来减少回弹，这是一种有效的方法。

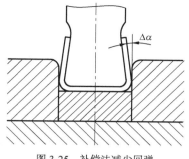

图 3-25 补偿法减少回弹

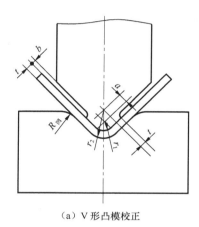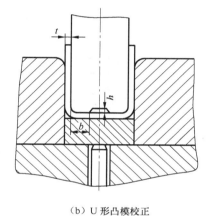

（a）V 形凸模校正　　　　　　　（b）U 形凸模校正

图 3-26 凸模校正结构

3. 畸变

畸变通常有下面几种情况。

（1）因为短边过短而导致弯曲不到位

这时，可以增加高度，或采用压槽处理的方法，如图 3-27 所示。

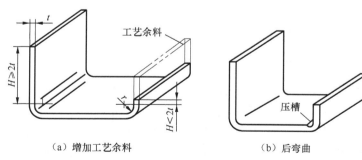

（a）增加工艺余料　　　　　　　　（b）后弯曲

图 3-27 短直边敞口的处理

（2）材料过厚导致侧面凸起

这时，可以在弯曲线的两端开槽，如图 3-28 所示。

（3）局部开裂或变形

这时，可以加高弯边或切槽，如图 3-29 所示。

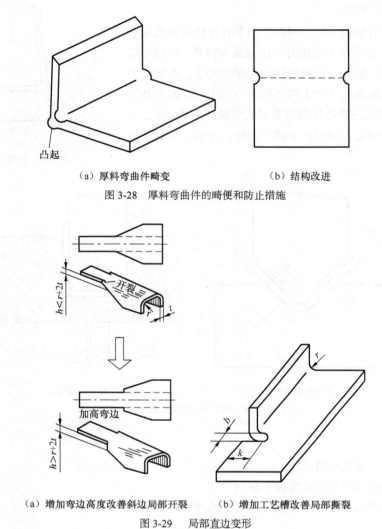

（a）厚料弯曲件畸变   （b）结构改进

图 3-28   厚料弯曲件的畸便和防止措施

（a）增加弯边高度改善斜边局部开裂   （b）增加工艺槽改善局部撕裂

图 3-29   局部直边变形

（4）孔距离弯曲线太近而把孔拉偏

这时，可以增加工艺槽或工艺孔，如图 3-30 所示。

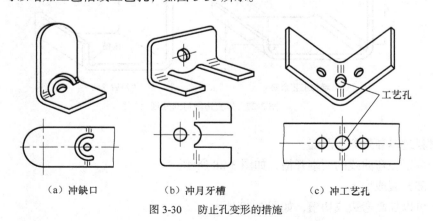

（a）冲缺口   （b）冲月牙槽   （c）冲工艺孔

图 3-30   防止孔变形的措施

步骤五　安排弯曲顺序

听老师讲解典型弯曲制件工序的安排（见表3-4），然后分组归纳、总结弯曲工序安排的一般原则。

⌐讲解⌐

表 3-4　　　　　　　　　　　　　　典型弯曲制件工序

序　号	制件简图	弯曲顺序	说　明
1			成对弯曲后再切断
2			两道弯曲，先外后内
3			
4			
5			
6			三道弯曲，先外后内
7			
8			
9			四道弯曲，先两边后中间

⌐讨论⌐

弯曲工序拆解一般遵循以下原则。

① 产品对毛刺方向没有具体要求时，尽量把毛刺方向朝内（也就是朝凸模），以保证断面质量。

② 多道弯曲时，通常是先弯两端，后弯中间部分，但是具体情况需要具体分析。

121

③ 弯曲尽量以同一方向折弯成形，以减少相互之间的影响。

④ 同方向弯曲，相互之间不能有干涉，否则会影响产品的外形和尺寸。

⑤ 当弯曲件几何形状不对称时，为避免压弯时坯料偏移，应尽量采用成对弯曲，然后再切成两件的工艺。

┘ 实例 └

图 3-31 所示为一端带多道折弯特征的弹片零件，试讨论它的弯曲顺序应该如何安排。

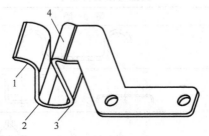

图 3-31　弯曲弹片零件

┘ 提示 └

图 3-31 所示的零件如果使用先外后内的顺序来折弯（见图 3-32），会发生干涉，不可行。合理的弯曲顺序如图 3-33 所示。

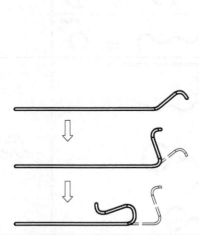

图 3-32　先外后内的顺序（发生干涉，不可行）

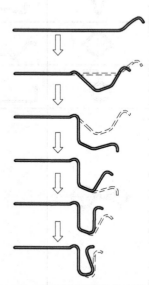

图 3-33　合理的弯曲顺序

项 目 训 练

小组研讨、总结学习体会，分析表 3-5 中支撑架的弯曲工艺性。

表 3-5   支撑架弯曲工艺性分析实训报告

班级_____   姓名_____   学号_____

图 3-34 所示为支撑架零件图，试探讨其弯曲工艺性。

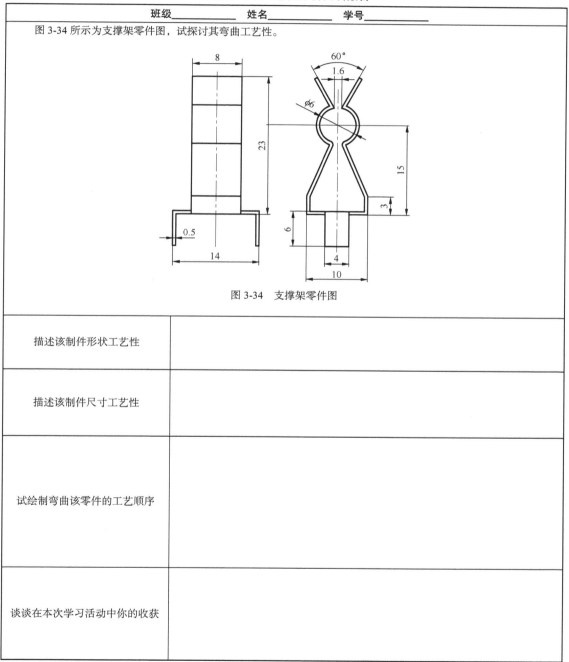

图 3-34   支撑架零件图

描述该制件形状工艺性	
描述该制件尺寸工艺性	
试绘制弯曲该零件的工艺顺序	
谈谈在本次学习活动中你的收获	

任务四 分析弯曲模结构

学习任务

通过学习弯曲制件的工艺性，分析表 3-6 中弯曲模的结构特点和工作原理。

▶ **学习目标**

- 具备分析 V 形、U 形、Z 形、⌐⌐形、圆形件弯曲模和弯曲级进模的典型结构和工作原理的能力。

▶ **设备及工具**

- V 形、U 形、Z 形、⌐⌐形、圆形件弯曲模和弯曲级进模各一副（或相应模具图纸）；
- 相应冲床。

▶ **学习过程**

步骤一 分析 V 形件弯曲模

把图 3-35 所示的 V 形件弯曲模安装在冲床上，然后启动冲床，观察各零部件的运动情况，并讨论它们各自起的作用。总结这副模具的结构特点和工作原理。

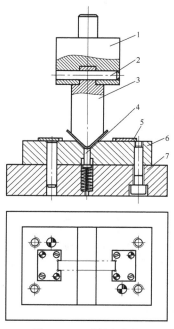

图 3-35 V 形件弯曲模

1—上模座 2—销钉 3—凸模 4—顶杆 5—定位板 6—凹模 7—下模座

╝ 提示 ╚

这副模具的上模由凸模 3 通过销钉 2 连接在上模座 1 上，下模由定位板 5、凹模 6、下模座 7 和顶杆 4 组成。当压力机滑块到达上至点，把毛坯定位在定位板 5 中，上模下行，凸模 3 接触板料把板料压入凹模 6 的型腔中，上模随压力机滑块回程，制件由顶杆 4 顶出至凹模表面，一个周期完成。这副模具结构简单，上模和下模之间无任何导向装置，调节合模高度即可实现调节凸模和凹模之间的间隙。顶件装置能有效地防止制件在加工时产生偏移。V 形件弯曲模的加工效率低，加工精度不高，适合应用在小批量生产（特别是首制件的生产）中。

╝ 拓展 ╚

U 形、Z 形及其他复杂的角度弯曲均可以看做是由多道 V 形弯曲组成的。小批量生产时还可采用图 3-36 所示的更简单的 V 形件模具结构。图 3-37 所示为经多道 V 形弯曲工序，最终得到 8 道弯的制件。这种加工常用在钣金件试制中，也称为手板模。设计时需要注意回弹、偏移、让位等问题。

当弯曲毛坯没有足够的定位支撑面或制件是窄长形状 V 形件，且制件的表面质量要求较高时，还可以采用图 3-38 所示的 V 形件精弯模。弯曲时，凸模 1 首先压住坯料，当凸模下降，迫使活动凹模 4 向内转动，并沿靠板和向下滑动使坯料压成 V 形。凸模回程时，弹顶器使活动凹模上升。由于两活动凹模板通过铰链 5 和销子铰接在一起，所以在上升的同时向外转动张开，恢复到原始位置。支架 2 控制回程高度并对活动凹模导向。这副模具能保证毛坯和凹模始终保持大面积接触，毛坯在活动凹模上不产生相对滑动和偏移。

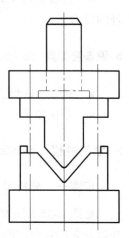

图 3-36　V 形件弯曲模

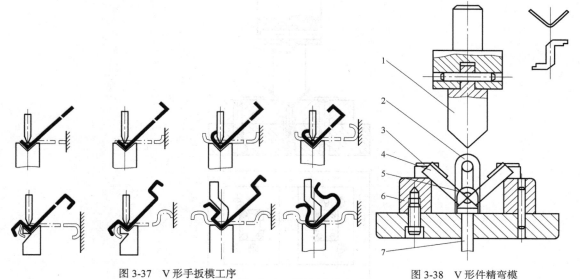

图 3-37　V 形手扳模工序

图 3-38　V 形件精弯模

1—凸模　2—支架　3—定位板　4—活动凹模

5—铰链　6—支撑板　7—顶杆

步骤二　分析 U 形件弯曲模

」讲解 ∟

　　U 形弯曲常用的结构如图 3-39 所示，其中图（a）为开底凹模，用于底部不要求平整的弯曲件；图（b）的下模装有弹性顶件装置，上模下行，毛坯凸模和顶件块夹紧逐渐下降，材料沿凹模圆角滑动并弯曲，进入凸、凹模间隙，凸模回升时，顶件块把工件顶出，这种结构用于底部要求平直的弯曲件；图（c）用于料厚公差较大而外侧尺寸要求较高的弯曲件，它的凸模是活动结构，可随料厚自动调整凸模横向尺寸；图（d）用于料厚公差尺寸较大而内侧尺寸要求较高的弯曲件，凹模两侧是活动结构，可随料厚自动调整凹模横向尺寸。

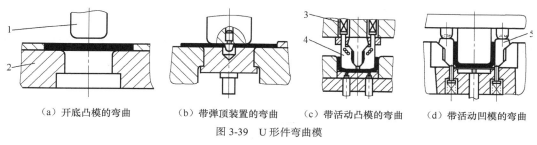

（a）开底凸模的弯曲　　（b）带弹顶装置的弯曲　　（c）带活动凸模的弯曲　　（d）带活动凹模的弯曲

图 3-39　U 形件弯曲模

1—凸模　2—凹模　3—弹簧　4—凸模活动镶块　5—凹模活动镶块

」演示 ∟

　　观察动画演示图 3-40 所示跷跷板式 U 形弯曲模的工作过程，归纳总结它的结构特点和工作原理。

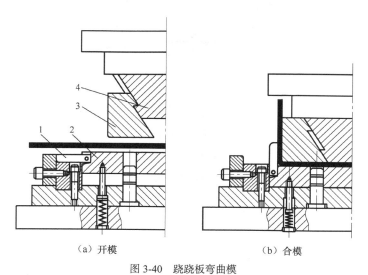

（a）开模　　　　　　　　　　（b）合模

图 3-40　跷跷板弯曲模

1—活动凹模　2—凹模　3—滑块凸模　4—凸模

　　这种跷跷板 U 形弯曲模，常用于机壳、箱体等大型钣金件的弯曲件。图 3-40（a）所示为开模状态，上模下行，滑块凸模 3 接触板料沿斜面上行到达上限，上模把凹模压下，同时将迫使活动凹模 1 转动构成成形型腔把板料折弯（见图 3-40（b））。开模时，滑块凸模 3 沿斜面产生水平相对运动，和制件直边得到一定的距离，因而脱模容易。

┘ 拓展 └

实际生产中经常需要一些小于 90° 的 U 形弯曲件,可用图 3-41 所示的结构压制。首先，把坯料弯曲成 U 形。当凸模继续下压，两侧的活动凹模使坯料最后压弯成弯曲角小于 90° 的 U 形件。完成之后，凸模上升，弹簧使活动凹模复位，工件则由垂直于图面方向从凸模上卸下。

步骤三　分析 Z 形件弯曲模

把图 3-42 所示的 Z 形件弯曲模安装在冲床上，点动启动冲床，观察各零部件的运动情况，并讨论这副模具各零部件所起的作用，总结这副模具的结构特点和工作原理。

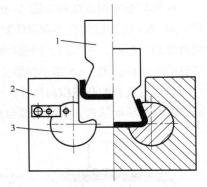

图 3-41　转轴弯曲结构
1—凸模　2—凹模　3—转轴

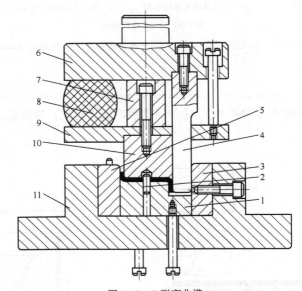

图 3-42　Z 形弯曲模

1—顶板　2—定位销　3—反侧压块　4—凸模　5—凹模　6—上模座
7—压块　8—橡胶　9—凸模托板　10—活动凸模　11—下模座

┘ 提示 └

在冲压前活动凸模 10 在橡胶 8 的作用下和凸模 4 端面平齐。冲压时活动凸模 10 和顶板 1 把坯料夹紧，由于橡胶 8 的弹力较大，推动顶板 1 下移使坯料左端弯曲。当顶板 1 接触下模座 11 后，橡胶 8 压缩，则凸模 4 相对于活动凸模 10 下移，把坯料右端弯曲成形。当压块 7 和上模座 6 相碰时，整个工件得到校正。

步骤四 分析⊓⊔形件弯曲模

⊓⊔形弯曲件的成形有多种方法如图 3-43、图 3-44 和图 3-45 所示。仔细观察它的成形特点，并进行归纳总结。

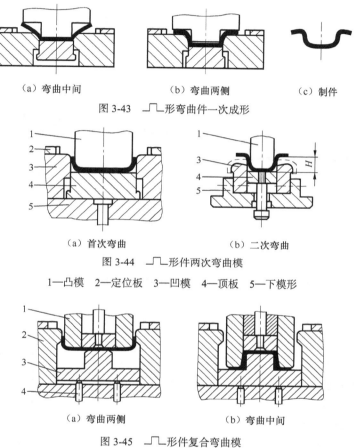

（a）弯曲中间　　　　　　　（b）弯曲两侧　　　　　　（c）制件

图 3-43　⊓⊔形弯曲件一次成形

（a）首次弯曲　　　　　　　　（b）二次弯曲

图 3-44　⊓⊔形件两次弯曲模

1—凸模　2—定位板　3—凹模　4—顶板　5—下模形

（a）弯曲两侧　　　　　　　　（b）弯曲中间

图 3-45　⊓⊔形件复合弯曲模

1—凸凹模　2—凹模　3—活动凸模　4—顶杆

┘提示└ 🌿

① 一次成形过程中，由于凸模肩部妨碍了坯料的转动，加大了坯料通过凹模圆角的摩擦力使弯曲件侧壁容易擦伤和变薄，同时弯曲件两肩部和底面不易平行，制件平直度差（见图 3-43（c））。特别是材料厚、弯曲件直壁高、圆角半径小时，这个现象更严重。

② 两次成形时，避免了一次成形的缺陷，提高了弯曲质量，但是要求图中的 $H > (12\sim15)t$。

③ 复合弯曲的工作原理是凸凹模下行，先进行 U 形弯曲；凸凹模继续下行和活动凸模作用完成第二道弯曲工序。

步骤五 分析圆形件弯曲模

圆形件的尺寸大小不同，它的弯曲方法也不同，一般按直径分为小圆和大圆两种。观察并讨论图 3-46、图 3-47 所示的小圆弯曲模和大圆弯曲模的区别。

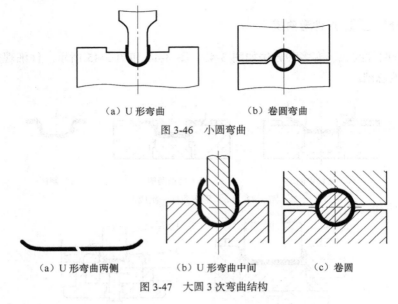

（a）U形弯曲　　　　　（b）卷圆弯曲

图 3-46　小圆弯曲

（a）U形弯曲两侧　　　（b）U形弯曲中间　　　（c）卷圆

图 3-47　大圆 3 次弯曲结构

⌐ 提示 ⌐

① 弯小圆的方法是先弯成 U 形，再把 U 形弯成圆形，用两套简单模弯圆。

② 3 道工序弯曲大圆的方法，适用于材料厚度较大的工件。

⌐ 拓展 ⌐

　　小圆形件由于工件小，分两次弯曲操作不方便，所以可把两道工序合并。可以采用图 3-48 所示斜楔的一次弯圆模，上模下行，芯棒将坯料弯成 U 形；上模继续下行，斜楔推动滑块将 U 形弯成圆形。

　　图 3-49 所示为用两道工序弯曲大圆的方法，先预弯成3 个 120° 的波浪形，然后再用第二套模具弯成圆形，工件顺凸模轴线方向取下。图 3-50 所示为带摆动凹模的大圆一次弯曲成形结构，模具结构较复杂。凸模下行先把坯料压成圆形，工件顺凸模轴线方向推开支撑取下。这种结构生产率高，但由于回弹在工件接缝处留有缝隙和少量直边，工件精度不高。

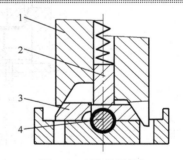

图 3-48　斜楔卷圆弯曲

1—斜楔　2—滑块　3—活动凹模　4—芯棒

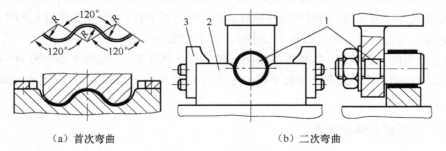

（a）首次弯曲　　　　　　　　　（b）二次弯曲

图 3-49　大圆两次弯曲结构

1—凸模　2—凹模　3—定位板

130

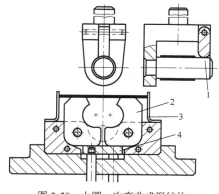

图 3-50　大圆一次弯曲成形结构

1—凸模　2—凹模　3—定位板

步骤六　分析弯曲级进模

把图 3-51 所示的弯曲级进模安装在冲床上，在老师的指导下进行试模，得到一个完整的排样条料。对照排样条料绘制排样图，并分析模具的结构特点。

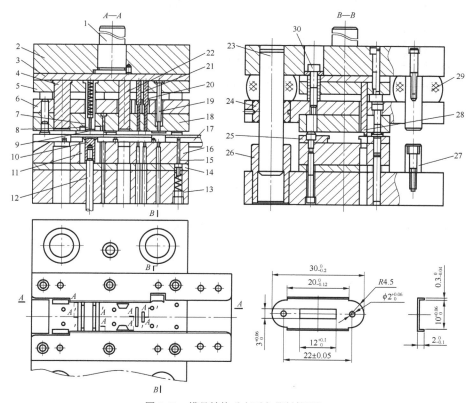

图 3-51　模具结构（右下方是制件图）

1—模柄　2—上模座　3—上垫板　4—切断凸模　5—凸模固定板　6—导板Ⅰ　7—顶针　8—弯曲凸模　9—导正销
10—顶板　11—弯曲凹模　12—顶杆　13—下模座　14—下垫板　15—浮料销　16—凹模板　17—导料板
18—卸料板　19—圆形冲孔凸模　20—方形冲孔凸模　21—方形落料凸模　22—异形落料凸模　23—导柱
24—导板导套　25—导板Ⅱ　26—导套　27—限位柱　28—侧刃凸模　29—卸料橡胶　30—卸料镙钉

⌐ 提示 ∟

① 排样图参考图 3-52。其中，第 1 工位冲侧刃和 $2-\phi2_0^{+0.06}$ 孔，第 2 工位冲 3×12 方孔和搭边的一部分，第 3 工位落外形，第 4 工位空位，第 5 工位弯曲，第 6 工位空位，第 7 工位分离和切断。

② 这副模具的结构特点如下。

a. 为提高模具的精度和稳定性能，采用了四柱导板模，外导柱对卸料组件、上下模同时导向。

b. 条料送进，通过导料板 17 进行导向。因为制件内形尺寸都比较小，无法实现内形挡料定位，所以设计了侧刃定距方式，以及导正销导正定位。

c. 料厚仅有 0.3mm，无法采用刚性卸料方式，所以设计了弹性卸料机构。卸料板固定在导板上，卸料橡胶则驱动导板，间接驱动卸料板。

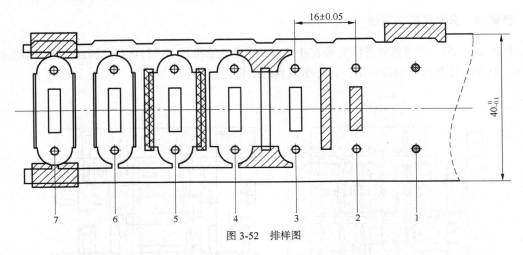

图 3-52　排样图

d. 制件料非常薄，不允许有局部压薄情况发生。模具结构上，采取了限位柱进行限位柱控制上模行程，保护料厚的均匀性。

e. 级进模出件方式通常有漏出、吹出、滑出。这副模具采取的是滑出方式，即在凹模板上开出斜面，一旦制件和条料分离，即可从斜面滑下。

项目训练

小组研讨、总结学习体会，分析表 3-6 中弯曲模的结构特点。

表 3-6   弯曲模的结构分析实训报告

班级_____	姓名_____	学号_____

图 3-53 所示为弯曲模，试分析模具结构特点和工作原理。

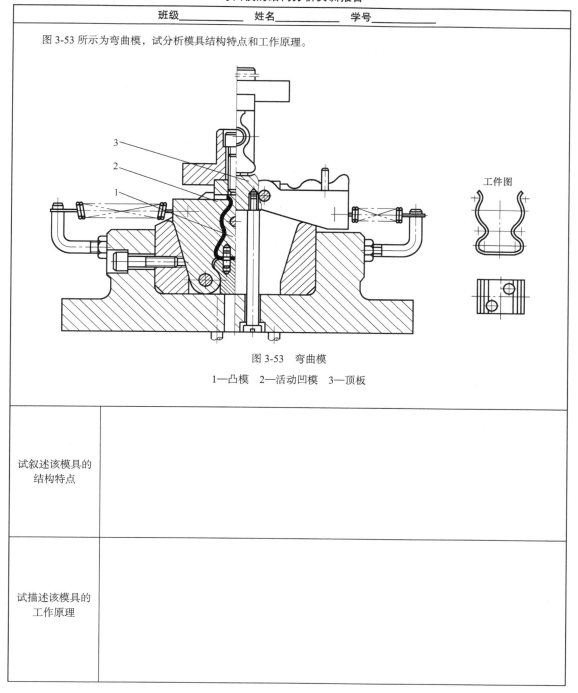

图 3-53　弯曲模

1—凸模　2—活动凹模　3—顶板

试叙述该模具的 结构特点	
试描述该模具的 工作原理	

写出图 3-54 所示模具标识的零件名称，并简单叙述这副模具的结构特点和工作原理。

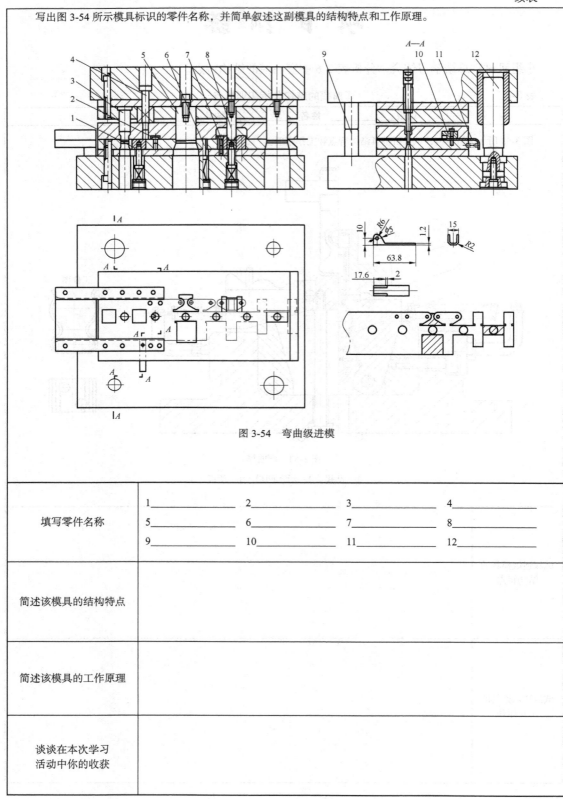

图 3-54 弯曲级进模

填写零件名称	1_____	2_____	3_____	4_____
	5_____	6_____	7_____	8_____
	9_____	10_____	11_____	12_____
简述该模具的结构特点	
简述该模具的工作原理	
谈谈在本次学习活动中你的收获	

任务五　设计弯曲模工作零件结构

学习任务

学习弯曲模工作零件结构，完成表 3-10 中接触弹片弯曲凸模和凹模设计。

➤ 学习目标

- 具备弯曲凸模和凹模间隙的确定能力；
- 具备弯曲凸模和凹模的圆角半径大小的影响分析能力；
- 具备弯曲凸模和凹模圆角半径大小的确定能力；
- 具备凹模工作部分深度的确定能力；
- 具备弯曲凸模、凹模工作零件图纸的绘制能力。

➤ 设备及工具

- V 形弯曲凸模和凹模（或相应图纸）；
- U 形弯曲凸模和凹模（或相应图纸）；
- 游标卡尺、影像投影机、圆角 R 值测量器等测量仪器。

➤ 学习过程

步骤一　测绘凸模和凹模之间的间隙

V 形件弯曲模中的凸模、凹模之间的间隙是由调节压力机的装模高度来控制的。

对于 U 形弯曲模，则必须选择适当的间隙值。凸模和凹模的间隙值对弯曲件的回弹、表面质量和弯曲力都有很大的影响。如果间隙过大，弯曲件回弹量增大，误差增加，从而会降低制件的精度。如果间隙过小，会使零件直边料厚减薄和出现划痕，同时还降低凹模寿命。

测量 U 形弯曲模凸模尺寸和凹模尺寸，获得它们之间的间隙值；再试模观察制件质量，判定间隙是否合理。

」经验 L

实际生产中，凸模和凹模的间隙值可由下式决定：
弯曲有色金属

$$c = t_{min} + nt \tag{3-3}$$

弯曲黑色金属

$$c = t + nt \tag{3-4}$$

式中：c ——弯曲凸模和凹模的单面间隙（mm）；

t、t_{min}——材料厚度的基本尺寸和最小尺寸（mm）。

当弯曲件的相对弯曲半径 $r/t < 5\sim8$ 时，且不小于 r_{min}/t 时，凸模的圆角半径一般等于弯曲件的圆角半径。如果弯曲件的圆角半径小于最小弯曲半径（$r < r_{min}$），首次弯曲可先弯成较大的圆角半径，然后采用整形工序进行整形，使它满足弯曲件圆角的要求。

当弯曲件的相对弯曲半径较大，精度要求较高，这时由于圆角半径的回弹大，凸模的圆角半径应根据回弹值作相应的修正。

凹模的圆角半径大小对弯曲变形力和制件质量都有较大影响，同时还关系到凹模厚度的确定。凹模圆角半径过小，坯料拉入凹模滑动阻力大，使制件表面擦伤甚至出现压痕；凹模圆角半径过大，会影响坯料定位的准确性。凹模两边的圆角要求制造均匀一致，当两边圆角有差异时，毛坯两侧移动速度不一致，会使它发生偏移。生产中常根据材料的厚度来选择凹模圆角半径：

当 $t \leq 2mm$ 时

$$r_A = (3\sim6)t \tag{3-5}$$

当 $4 \geq t > 2$ 时

$$r_A = (2\sim3)t \tag{3-6}$$

当 $t > 4mm$ 时

$$r_A = 2t \tag{3-7}$$

图 3-55 所示为弯曲模结构尺寸。

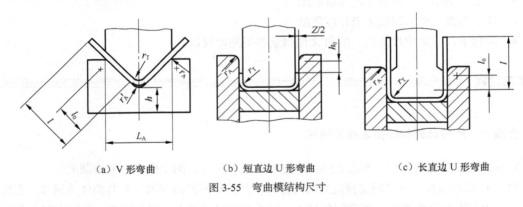

（a）V 形弯曲　　　　（b）短直边 U 形弯曲　　　　（c）长直边 U 形弯曲

图 3-55　弯曲模结构尺寸

对于 V 形件的凹模，它的底部可以开退刀槽。校正弯曲时凹模底部圆角为

$$r_A = (0.6\sim0.8)(r_T + t) \tag{3-8}$$

步骤二　测绘凹模深度

弯曲凹模深度 l_0 要适当。l_0 过小时，如果坯件弯曲变形的两直边自由部分长，弯曲件成形后回弹大，而且直边不平直。l_0 过大时，则模具材料消耗大，而且要求压力机具有较大的行程。

」经验 L

弯曲 V 形件时，凹模深度和底部最小厚度参见表 3-7。弯曲 U 形件时，如果弯边高度不大，或要求两边平直，则凹模深度应大于零件高度，如图 3-55（b）所示。如果弯曲件直边较大，而对平直度要求不高，则可采用图 3-55（c）所示的凹模形式。弯曲 U 形件的凹模参数见表 3-8 和

表3-9。

表 3-7	V 形件的凹模深度 l_0 和底部最小厚度值 h					单位：mm	
弯曲件边长 L	材料厚度 t						
	<2		2～4		>4		
	h	l_0	h	l_0	h	l_0	
>10～25	20	10～15	22	15			
>25～50	22	15～20	27	25	32	30	
>50～75	27	20～25	32	30	37	35	
>75～100	32	25～30	37	35	42	40	
>100～150	37	30～35	42	40	47	50	

表 3-8	弯曲 U 形件凹模 h_0 值							单位：mm	
材料厚度 t	≤1	>1～2	>2～3	>3～4	4～5	5～6	6～7	>	8～10
m	3	4	5	6	8	10	15	20	25

表 3-9	弯曲 U 形件凹模深度 l_0				单位：mm
弯曲件边长 L	材料厚度 t				
	≤1	>1～2	>2～4	>4～6	>6～10
>50	15	20	25	30	35
50～75	20	25	30	35	40
75～100	25	30	35	40	40
100～150	30	35	40	50	50
150～200	40	45	55	65	65

步骤三 测绘凸模和凹模工作尺寸

凸模和凹模工作尺寸的计算和弯曲件的标注尺寸有关。它的原则：当弯曲件标注外形尺寸时，以凹模为设计基准件，间隙取在凸模上。当弯曲件标注的是内形尺寸时，则以凸模为设计基准件，间隙取在凹模上。图 3-56 所示为工件尺寸标注和模具尺寸。在确定尺寸时，还应注意弯曲件精度、回弹趋势、模具的磨损规律等。

当工件标注外形尺寸时，则

$$L_A = \left(L_{max} - 0.25\Delta\right)h_6 \qquad (3-9)$$

$$L_T = (L_A - Z)H_7 \qquad (3-10)$$

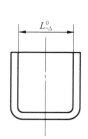
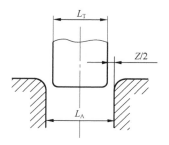

（a）要求外形尺寸的弯曲件 （b）要求内形尺寸的弯曲件 （c）凸凹模尺寸参数

图 3-56 工件尺寸标注和模具尺寸

当工件标注内形尺寸时，则

$$L_{T} = (L_{min} + 0.25\Delta)h_6 \qquad\qquad （3-11）$$

$$L_{A} = (L_{T} + Z)H_7 \qquad\qquad （3-12）$$

式中：L_{min}——弯曲件宽度尺寸；

Δ——弯曲件的尺寸偏差（mm）；

L_{T}——弯曲凸模宽度的基本尺寸；

L_{A}——弯曲凹模宽度的基本尺寸；

Z——凸模和凹模的双面间隙；

h_6、H_7——配合精度。

项 目 训 练

小组研讨、总结学习体会，完成表 3-10 中接触弹片弯曲凸模和凹模的设计。

表 3-10　　　　　　　　　接触弹片弯曲凸模和凹模设计实训报告

班级＿＿＿＿＿　　　姓名＿＿＿＿＿　　　学号＿＿＿＿＿

图 3-57 所示为接触弹片制件图，试根据经验值设计其弯曲凸模和凹模。

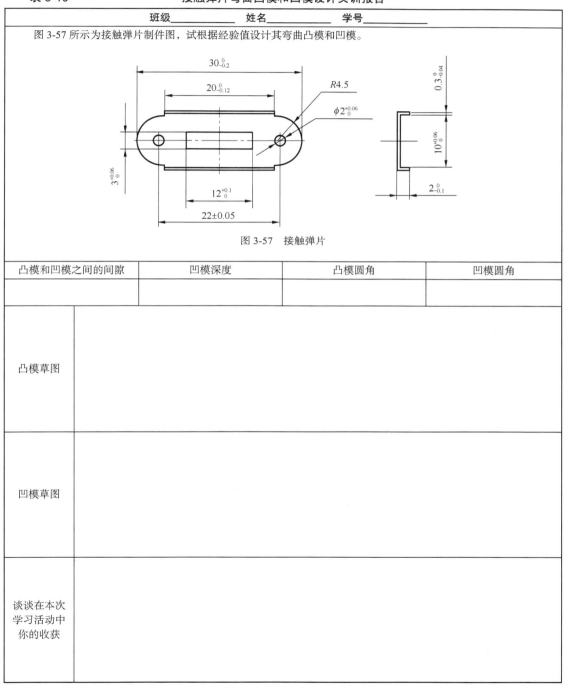

图 3-57　接触弹片

凸模和凹模之间的间隙	凹模深度	凸模圆角	凹模圆角

凸模草图	
凹模草图	
谈谈在本次学习活动中你的收获	

项目四

拉深工艺与拉深模

任务一　拉深加工操作

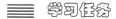 学习任务

实习拉深加工操作（或观看拉深工序视频），小组研讨变形过程、分析拉深变形特点、探讨拉深变形的料厚变化，完成表 4-1 所示的实训报告。

➤ 学习目标

- 掌握拉深成形的定义和种类；
- 具有拉深变形过程的分析能力；
- 具有拉深变形特点的分析能力。

➤ 设备及工具

- 简单拉深模一副（或拉深工序视频）；
- 材料若干。

➤ 学习过程

步骤一　了解拉深成形的定义与种类

图 4-1 所示的制品都是由拉深工艺获得的，用拉深工艺制造薄壁空心件，生产效率高，零件精度、强度和刚度也高，并且材料消耗少。因此，在汽车（如图 4-1（a）所示的汽车灯罩）、日用品（如图 4-1（b）所示的餐具）、轻工业、电子（如图 4-1（c）所示的电子罩）等行业中占有相当重要的地位。

拉深工艺可以分为不变薄拉深和变薄拉深两种。后者在拉深后零件的壁部厚度和毛坯厚度相比较，明显地变薄。其零件的特点是底部厚，壁部薄，如碳酸饮料罐、高压锅、弹壳等。

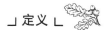 定义

拉深是利用拉深模，把一定形状的平板或毛坯，冲压成各种形状的开口空心零件的冲压工序。拉深又叫拉延、压延。用拉深工艺可以制成筒形、矩形、锥形、阶梯形、球面形和其他不规则形

状的薄壁零件，如图 4-2 所示。

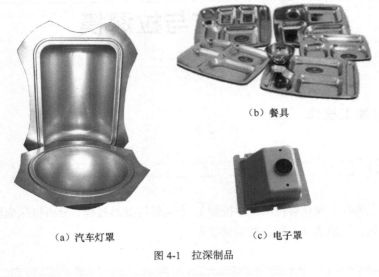

（b）餐具

（a）汽车灯罩　　　　　　　　（c）电子罩

图 4-1　拉深制品

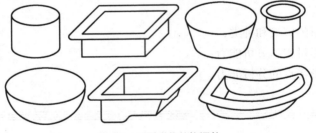

图 4-2　不同形状的拉深件

步骤二　拉深加工操作

利用如图 4-3 所示的简单拉深模进行拉深加工操作（或观看教学课件中的弯曲工序视频），在老师的指导下讨论拉深变形过程。

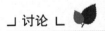讨论

拉深是冲压工艺中一种较复杂的变形工序，这里以圆形拉深件为例讲授它的变形过程。简单拉深模具的结构如图 4-3（a）所示，它主要由凸模 1 和凹模 3 组成。凸模和凹模的结构形状与冲裁模不同，它的工作部分没有锋利的刃口，而是加工成圆角，凸模和凹模的间隙一般稍大于板料厚度。

拉深时，把坯料 2 放在凹模 3 上，凸模 1 随上模下行；凸模对坯料加压，把坯料压入凹模 3 的型孔内，使坯料在冲模内永久变形后，加工成一定直径和高度的圆筒形零件制品。

在平板坯料上，沿直径方向画出一个局部的扇形区域 oab。如图 4-3（b）所示，拉深开始时，扇形 oab 可划分为以下 3 部分：筒底部分——oef；筒壁部分——$cdef$；凸缘部分——$a'b'cd$。凸模继续下压，筒底部分基本不变，凸缘部分绕过凹模圆角转变为筒壁，筒壁逐渐增高，凸缘部分逐渐缩小（见图 4-3（c））。最后，凸缘部分全部变为筒壁（见图 4-3（d）所示）。所以，凸缘部分

是变形区，底部和已形成的侧壁是传力区。

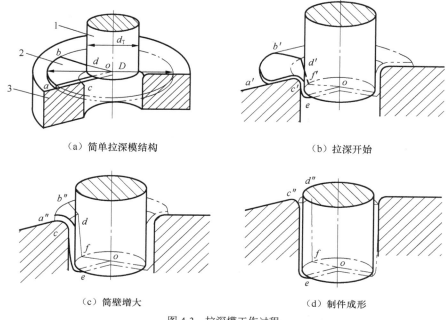

（a）简单拉深模结构　　　　　　　　　　（b）拉深开始

（c）筒壁增大　　　　　　　　　　　　（d）制件成形

图 4-3　拉深模工作过程

1—凸模　2—坯料　3—凹模

综上所述，拉深过程中，变形主要集中在凹模面上的凸缘部分，也就是说拉深过程就是凸缘部分逐步缩小转变为筒壁的过程。

步骤三　分析拉深变形特点

为说明拉深的变形过程，可采用网格分析法。在圆形平板毛坯上画出许多间距相等的同心圆和分度相等的辐射线，由这些同心圆和射线组成的扇形网格如图 4-4 所示。

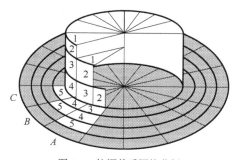

图 4-4　拉深前后网格分析

比较变化前后的网格情况：筒形件底部的网格基本保持原来的扇形形状；而筒壁上的网格和坯料凸缘部分发生了很大的变化，原来直径不等的同心圆变为筒壁上直径相等的圆，它的间距增大了，越靠近筒形件口部增大越多；原来分度相等的辐射线变成筒壁上的垂直平行线，它的间距缩小了，越靠近筒形件口部缩小越多。

步骤四　分析拉深变形前后料厚变化

观察图 4-5，图中所示是料厚为 1.0mm 的毛坯经过拉深产生塑性变形后，工件上测定的料厚的变化情况。

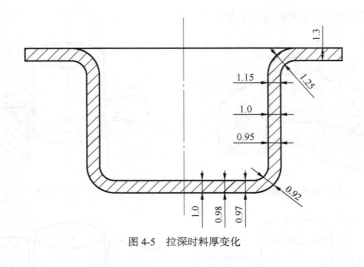

图 4-5　拉深时料厚变化

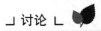

如图 4-6 所示，拉深变形过程可以划分为 5 个部分。

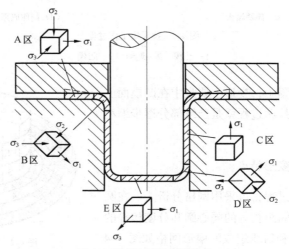

图 4-6　拉深过程的应力状态

① 平面凸缘部分（A 区）——主变形区，这部分材料容易因失稳而起皱。

② 凸缘圆角部分（B 区）——过渡区，它的材料会在径向上发生拉深变形，材料有变薄的倾向。

③ 筒壁部分（C 区）——传力区，这部分是已经成形的侧壁，已经结束了塑性变形。材料产生变薄，且筒壁上厚下薄。

④ 底部圆角部分（D 区）——过渡区，这部分材料变薄最严重，最易出现拉裂，也就是危险区。

⑤ 圆筒底部（E 区）——不变形区，这部分材料一开始就被拉入凹模中，始终保持平面形状。由于变形受到凸模摩擦力的阻止，所以变薄较小。

项 目 训 练

小组研讨、总结学习体会，完成表 4-1 所示的实训报告。

表 4-1   拉深加工操作实训报告

班级_____ 姓名_____ 学号_____	
根据所掌握的模具结构知识和图 4-3 所示模具示意图，绘制其总装简图	
简单描述图 4-3 所示拉深模的工作过程	
小组讨论拉深变形料厚变化情况	
谈谈在本次学习活动中你的收获	

任务二　计算拉深毛坯尺寸

学习拉深毛坯尺寸的计算，计算表4-6中宽凸缘拉深件的毛坯尺寸。

> **学习目标**

- 掌握拉深毛坯尺寸计算的原则；
- 具备应用分解法计算圆筒形拉深件毛坯尺寸的能力；
- 具有应用经验公式计算旋转体拉深件毛坯尺寸的能力；
- 掌握非旋转体拉深件毛坯尺寸的计算方法。

> **设备及工具**

- 圆筒形拉深制件（或圆筒形拉深制件图片）。

> **学习过程**

步骤一　探讨拉深毛坯尺寸计算原则

拉深时，金属材料按一定的规律流动，毛坯尺寸应满足成形后制件的要求，形状必须适应金属流动。毛坯尺寸的计算应遵循以下原则。

（1）体积相等原则

在拉深前后材料没有增减，仅产生塑性变形，所以不管发生什么样的变形，毛坯和零件（带修边余量）的体积相等。对变薄拉深，则根据毛坯和零件（带修边）的体积相等计算。

（2）面积相等原则

对于不变薄拉深，因为材料厚度拉深前后变化很小，毛坯的尺寸按"拉深前毛坯表面积等于拉深后零件的表面积"的原则来确定。

（3）形状相似原则

拉深毛坯的形状一般和拉深的截面形状相似，即零件的横截面是圆形、椭圆形时，它在拉深前毛坯展开形状也基本上是圆形或椭圆形。对于异形件拉深，它的毛坯周边轮廓必须采用光滑曲线连接，应无急剧的转折和尖角。

（4）切边余量

由于拉深材料厚度有公差，板料具有各向异性，模具间隙和摩擦阻力的不一致以及毛坯的定位不准确等原因，拉深后零件的口部将出现凸耳（尤其是多次拉深）。为了得到口部平齐高度一致的拉深件，通常需要增加拉深后的切边工序，把不平齐的部分切去。所以在计算毛坯之前，应先在拉深件上增加切边余量，它的值可参见表4-2和表4-3。

表4-2　　　　　　　　　　　无凸缘圆筒形拉深件的修边余量 Δh

工件高度 h	工件得相对高度 h/d				附　图
	>0.5~0.8	>0.8~1.6	>1.6~2.5	>2.5~4	
≤10	1.0	1.2	1.5	2	
>10~20	1.2	1.6	2	2.5	
>20~50	2	2.5	3.3	4	
>50~100	3	3.8	5	6	
>100~150	4	5	6.5	8	
>150~200	5	6.3	8	10	
>200~250	6	7.5	9	11	
>250	7	8.5	10	12	

表4-3　　　　　　　　　　　有凸缘圆筒形拉深件的修边余量 ΔR

凸缘直径 d_t	凸缘的相对直径 d_t/d				附　图
	<1.5	>1.5~2	>2~2.5	>2.5~3	
≤25	1.6	1.4	1.2	1.0	
>25~50	2.5	2.0	1.8	1.6	
>50~100	3.5	3.0	2.5	2.2	
>100~150	4.3	3.6	3.0	2.5	
>150~200	5.0	4.2	3.5	2.7	
>200~250	5.5	4.6	3.8	2.8	
>250	6	5	4	3	

步骤二　应用分解法计算圆筒形拉深制件的毛坯尺寸

所谓分解法是指把拉深制件分成几个简单体，制件毛坯面积就是把简单几何体所需要的毛坯面积相加，即可得到所需毛坯的直径。

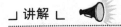 讲解

如图4-7（b）所示，把图4-7（a）所示的拉深件分解为3个简单的便于计算的几何体，因为

$$A_0 = \frac{\pi}{4} D_0^2 \quad （毛坯总面积）$$

$$A_1 = \frac{\pi}{4} D_1^2 \quad （1部分所需毛坯面积）$$

$$A_2 = \frac{\pi}{4} D_2^2 \quad （2部分所需毛坯面积）$$

$$A_3 = \frac{\pi}{4} D_3^2 \quad （3部分所需毛坯面积）$$

$$A_0 = A_1 + A_2 + A_3 = \sum A_i \tag{4-1}$$

所以
$$\frac{\pi}{4}D_0^2=\frac{\pi}{4}D_1^2+\frac{\pi}{4}D_2^2+\frac{\pi}{4}D_3^2$$

整理之后得到
$$D_0=\sqrt{D_1^2+D_2^2+D_3^2} \tag{4-2}$$

综上所述，圆筒形毛坯直径等于分解的各单元体毛坯直径平方的总和开平方，即
$$D_0=\sqrt{\sum_{i=1}^{n}D_i^2} \tag{4-3}$$

式中：D_0——坯料直径；

D_i——分解的单元毛坯直径（计算公式查表 4-4）。

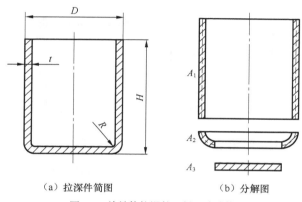

（a）拉深件简图　　　　（b）分解图

图 4-7　旋转体拉深件坯料尺寸计算

实例

图 4-8（a）所示为无凸缘旋转体拉深件，它的材料为 10 钢，料厚为 2mm。试计算它的毛坯尺寸。

表 4-4　　　　分解单元毛坯直径的计算公式

序　号	名　　称	简　　图	毛坯直径计算公式
1	圆形	d	$D=d$
2	圆环	d_1　d_2	$D=\sqrt{d_2^2-d_1^2}$
3	圆筒	h　d	$D=2\sqrt{dh}$

序　号	名　　称	简　图	毛坯直径计算公式
4	$\dfrac{1}{4}$ 凸球面		$D = \sqrt{2r\pi\left(d + 4\dfrac{r}{\pi}\right)}$
5	$\dfrac{1}{4}$ 凹球面		$D = \sqrt{2r\pi\left(d + 2r - 4\dfrac{r}{\pi}\right)}$

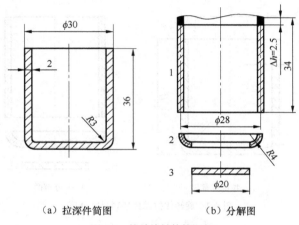

（a）拉深件简图　　　　　（b）分解图

图 4-8　简单旋转体拉深件

解：① 查表 4-2 得切边余量 $\Delta h = 2.5$mm；

② 如图 4-8（b）所示，把它分解为 3 个部分；

③ 参考表 4-4，各分解部分的直径为

$$D_1 = 2\sqrt{dh} = 2 \times \sqrt{28 \times 34} = 61.7\text{mm}$$

$$D_2 = \sqrt{2r\pi\left(d + \frac{4r}{\pi}\right)} = \sqrt{2 \times 4 \times 3.14\left(20 + \frac{4 \times 4}{3.14}\right)} = 25.1\text{mm}$$

$$D_3 = d = 20\text{mm}$$

④ 毛坯直径为

$$D_0 = \sqrt{D_1^2 + D_2^2 + D_3^2} = \sqrt{61.7^2 + 25.1^2 + 20^2} = \sqrt{3806.9 + 630 + 400} = 69.5\text{mm}$$

所以，这个制件毛坯的直径是 69.5mm。

步骤三　应用经验公式法计算旋转体拉深件毛坯尺寸

对于一些形状较简单、规则的旋转体拉深件，通常采用表 4-5 所列的经验公式来计算毛坯直径 D。

表 4-5   常用旋转体拉深件毛坯直径 D 的经验公式

序　号	零件形状	毛坯直径 D
1		$D = \sqrt{d_1^2 + 4d_2h_1 + 6.28rd_1 + 8r^2}$
2		当 $r_1 \neq r$ 时 $D = \sqrt{d_1^2 + 6.28rd_1 + 8r^2 + 4d_2h + 6.28r_1d_2 + 4.56r_1^2}$ 当 $r_1 = r$ 时 $D = \sqrt{d_1^2 + 4d_2h + 2\pi r(d_1 + d_2) + 4\pi r^2}$
3		当 $r_1 \neq r$ 时 $D = \sqrt{d_1^2 + 6.28rd_1 + 8r^2 + 4d_2h + 6.28r_1d_2 + 4.56r_1^2 + d_4^2 - d_3^2}$ 当 $r_1 = r$ 时 $D = \sqrt{d_1^2 + 4d_2h - 3.44rd_2}$
4		$D = \sqrt{d_2^2 - d_1^2 + 4d_1\left(h + \dfrac{l}{2}\right)}$
5		$D = \sqrt{d_2^2 + 4(h_1^2 + d_1h_2)}$
6		$D = \sqrt{8R\left[x - b\left(\arcsin\dfrac{x}{R}\right)\right] + 4dh_2 + 8rh_1}$

序　号	零 件 形 状	毛坯直径 D
7		$D = \sqrt{d_3^2 + 4(d_1 h_1 + d_2 h_2)}$

┘ 拓展 ∟

　　下面介绍非旋转体拉深件的毛坯尺寸计算原则。

　　相对于旋转体而言，非旋转体垂直于轴向的投影面形状是非圆形，外轮廓形状不是内母线绕轴旋转而成，因此非旋转体零件的拉深毛坯形状一般不是圆形。

　　非旋转体拉深件多是罩壳类零件，它的外形可由柱面、锥面、斜面或曲面组成，如矩（方）形件、长圆形件、椭圆形件、棱锥台件和各种不规则形状的空心件。它的口部可以是平面、斜面或曲面。

　　在不变薄拉深中，毛坯尺寸是按等面积法计算的。非旋转体拉深件，由于形状的不规则性，沿周边各点的应力应变状态不同，变形所需的材料也不一样。当毛坯尺寸过大时，引起危险断面拉应力的增大，对提高变形程度和减少工序不利；当毛坯尺寸局部过大时，在拉深过程中这部分会从变形区突出去，不但使这部分本身的变形减少，而且会导致和它相邻部分的材料变形困难。同时，毛坯尺寸过大部分的变形程度减小，必然使拉深变形较多地集中到其余部分上去，增加了沿毛坯周边变形分布的不均匀性。这样冲出的零件壁厚不均，容易引起变形过分集中部位的局部起皱，降低了工件质量。

　　为使毛坯尺寸能较准确地反映变形情况，从而获得合格的拉深件，在实际生产条件下，常采取如下步骤确定毛坯尺寸。

　　① 根据拉深件的不同形状、尺寸，选用一定的计算方法来计算坯料尺寸。

　　② 按计算毛坯剪样，用模具试冲，按拉深件是否有破裂或发生材料堆聚，修正毛坯尺寸，直到获得合格工件。

　　③ 经调试确定毛坯尺寸后，再制造落料模。

项 目 训 练

学习拉深毛坯尺寸的计算，完成表4-6中工件的毛坯尺寸。

表4-6   宽凸缘拉深件毛坯尺寸计算实训报告

班级_____ 姓名_____ 学号_____

图4-9 所示为宽凸缘拉深件工件零件图，试计算毛坯尺寸。

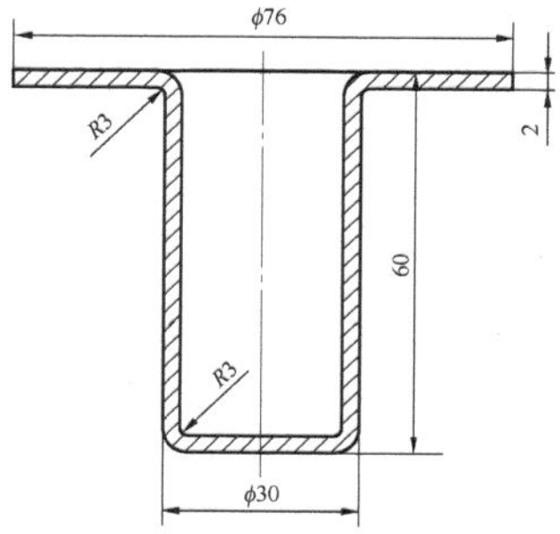

图4-9 宽凸缘拉深件

应用分解法可以分成几个部分，绘制分解草图		各部分面积	
		A_1	
		A_2	
		A_3	
		A_4	
		A_5	
	$A_总 = A_1 + A_2 + A_3 + A_4 + A_5 =$		
利用经验公式计算			
比较两种不同方法计算结果是否有差别			
谈谈在本次学习活动中你的收获			

任务三　分析拉深制件的工艺性

通过学习拉深制件的工艺性，分析表 4-8 中拉深件的工艺性。

> **学习目标**

- 掌握材料性能对拉深制件工艺性的影响；
- 具有拉深件结构工艺性的分析能力；
- 具有通过工艺设计改善拉深制件成形质量的能力；
- 掌握拉深工艺辅助工序的作用和应用。

> **设备及工具**

- 各种结构不同的拉深制件（或各种拉深制件图片）；
- 拉深模和配用冲床；
- 拉深润滑油；
- 拉深酸洗液。

> **学习过程**

拉深零件的工艺性是指零件对拉深成型的难易程度。拉深变形非常复杂，容易导致多种缺陷。正确分析拉深件的工艺性，设计合理可行的工艺路线，可以使坯料消耗少、工序数目少、模具结构简单、加工容易、产品质量稳定、废品少、操作简单方便。

步骤一　分析材料性能对拉深件工艺性的影响

用于拉深件的材料，应当满足如下要求。

（1）屈强比 σ_s/σ_b 小

屈强比越小，一次拉深允许的极限变形程度越大，拉深的性能越好。例如，低碳钢的屈强比 $\sigma_s/\sigma_b \approx 0.57$，其一次拉深的最小拉深系数 $m = 0.48 \sim 0.50$（m 表示拉深程度，m 越小，成形性能越好）；65Mn 钢的 $\sigma_s/\sigma_b \approx 0.63$，其一次拉深的最小拉深系数 $m = 0.68 \sim 0.70$。有关材料标准规定，用来拉深的钢板，它的屈强比不大于 0.66。

（2）方向性系数

板料厚度方向系数 r 和板平面方向性系数 Δr，反映了材料的各向异性性能。当 r 较大或 Δr 较小时，材料宽度的变形比厚度方向的变形容易，板平面方向性能差异较小，拉深过程中材料不容易变薄或拉裂，因而有利于拉深成形。

步骤二　分析拉深制件结构工艺性

① 讨论图4-10所示的两个制件在结构上的区别，以及它们的拉深成形工艺性的区别。

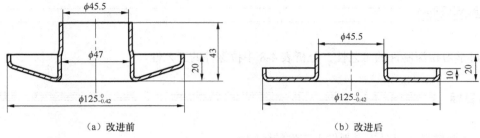

（a）改进前　　　　　　　　　　　　（b）改进后

图4-10　消声器后盖形状的改进

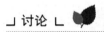讨论

图4-10所示为汽车消声器后盖。在保证使用要求的前提下，形状简化后，生产过程由8道工序减为2道工序，材料消耗也减少了50%。

所以，拉深件的形状应尽量简单、对称。轴对称拉深件在圆周方向上的变形是均匀的，模具加工也容易，它的工艺性最好。其他形状的拉深件，应尽量避免急剧的轮廓变化。

② 比较图4-11所示的两个制件的成形工艺性区别。

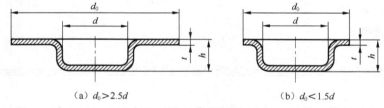

（a）$d_0 > 2.5d$　　　　　　　　　（b）$d_0 < 1.5d$

图4-11　凸缘直径大小

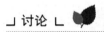讨论

有凸缘的拉深件其凸缘直径如果很大，制造难度也大。如图4-11（a）所示，$d_0 > 2.5d$，需经4～5次拉深工序，还要中间退火；如果把凸缘直径减少到$d < 1.5d_0$（见图4-11（b）），不用中间退火，仅需1～2次拉深工序便可制成。所以，拉深件各部分尺寸比例要恰当。

③ 讨论图4-12所示制件的结构成形工艺性。

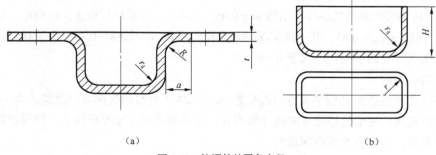

（a）　　　　　　　　　　　　　　　　（b）

图4-12　拉深件的圆角半径

┘ 讨论 └

图 4-12（a）所示拉深件的底和壁的圆角半径 $r_d \geqslant 2t$，凸缘和壁的圆角半径 R 应满足 $R \geqslant 2t$，底或凸缘上的孔边到侧壁的距离应满足 $a \geqslant R + 0.5t$（或 $a \geqslant r_d + 0.5t$）。如图 4-12（b）所示，盒形拉深件的 4 个角部圆角半径 r 应满足 $r \geqslant 3t$，底和壁的圆角半径 r_d 同样应满足 $r_d \geqslant t$。如果不满足上述条件，则需要增加整形工序。所以，拉深件的圆角半径要合适。

④ 拉深件的径向尺寸应只标注外形尺寸或内形尺寸，而不能同时标注内、外形尺寸。带台阶的拉深件，它的高度方向的尺寸标注一般应以拉深件底部为基准。

步骤三　分析拉深制件常见缺陷

1. 起皱

观察图 4-13 所示凸缘起皱的拉深制件，讨论起皱的原因。

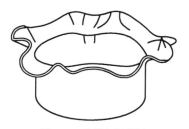

图 4-13　凸缘起皱制件

┘ 讨论 └

起皱产生的原因如下。

① 坯料的相对厚度 t/D（t 是料厚，D 是毛坯直径）越小，变形区抗失稳能力越差，越容易起皱。

② 拉深变形越严重，则切向压应力越大，越容易起皱。

③ 拉深模的凸模和凹模之间间隙越大（或者是凹模圆角越大），则它们对坯料的约束、摩擦就越小，导致起皱越严重。

④ 压边力太小或不均匀，也容易发生起皱。

┘ 拓展 └

减小起皱的措施，主要有采用锥形凹模加工、施加适当的压边力、采用反拉深 3 种方法。

（1）采用锥形凹模

用锥形凹模减小起皱是实际生产中常用的方法，如图 4-14（a）所示。用锥形凹模拉深的坯料不容易起皱如图 4-14（b）所示，与平端面凹模拉深时平面形状的变形区相比，具有较大的抗失稳能力。而且，锥形凹模圆角处对坯料造成的摩擦阻力和弯曲变形阻力减小到最低限度，凹模锥面对坯料变形区的作用力也有助于它产生切向压缩变形，因此，能有效地减小起皱。

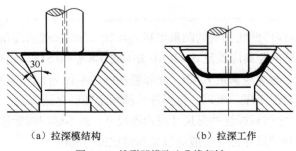

（a）拉深模结构   （b）拉深工作

图 4-14　锥形凹模防止凸缘起皱

（2）施加适当的压边力

　　如果不采用压边装置，将导致凸缘部分材料失稳起皱。为解决这个问题，通常采用压边圈加大压边力来控制起皱（见图 4-15）。但是压边力太大则会增大传力区危险断面上的拉应力，从而引起严重变薄而拉裂，所以应在保证变形区不起皱的前提下，尽量选用小的压边力。

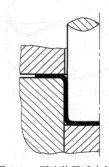

图 4-15　压边装置减小起皱

（3）采用反拉深

　　如果按图 4-16（a）所示的正向拉深有较大的起皱缺陷，则可以如图 4-16（b）所示把工序件内壁外翻，采用反向拉深。因反向拉深时，材料流动阻力较大，能有效地减少起皱。

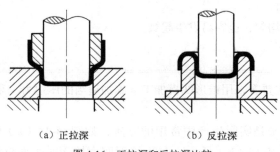

（a）正拉深   （b）反拉深

图 4-16　正拉深和反拉深比较

2．拉裂

　　观察图 4-17 所示凸缘起皱的拉深制件，讨论拉裂的原因。

图 4-17　拉裂现象

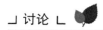

□ 讨论 ∟

拉裂产生的原因如下。

① 材料塑性性能差，金相组织或质量不符合要求。

② 板料表面质量差，局部滑痕或铁屑使得局部性能差。

③ 拉深工艺安排不合理，拉深系数过小或者拉深次数过多，加工硬化导致材料性能下降。

④ 模具工作零件质量差，如工作表面质量差、圆角过小等。

⑤ 模具压料力太大，导致板料流动不畅。

制件上出现裂纹，应当正确分析，从材料、工艺、模具等方面采取相应的措施来避免拉裂。

3. 其他缺陷

除起皱和拉裂缺陷外，还有如表 4-7 中所列的其他缺陷。

表 4-7 拉深零件质量分析

序号	质量	产生原因	防止措施
1	高度（或凸缘）尺寸小或尺寸大	① 毛坯尺寸计算错误 ② 毛坯计算未知切边余量 δ 确定错误 ③ 凸、凹模圆角半径太小	① 重算毛坯尺寸 ② 重新确定切边余量 δ 再计算毛坯 ③ 修磨圆角半径符合零件图
2	零件高度边缘差异太大	① 凸、凹模轴线装配不同心 ② 凹模和定位零件不同心 ③ 毛坯厚度或模具间隙不均匀 ④ 凹模洞口形状不一致 ⑤ 压边力不均匀或润滑剂不均匀	① 重新装配保证同心度 ② 调整定位零件位置 ③ 采用厚度公差小的材料，调整模具间隙 ④ 修磨应一致 ⑤ 调整压边力装置，涂匀润滑剂
3	锥（球面）形零件的起皱	① 凹模圆角半径太大 ② 压边力太小或润滑剂过多 ③ 毛坯材料厚度小或外径尺寸小	① 修磨减小圆角半径 ② 增大压边力或采用拉深筋，减少润滑剂 ③ 采用厚材料或加大毛坯外径
4	盒形角部破裂	① 模具圆角半径太小 ② 模具角部间隙太小 ③ 角部变形程度太大	① 修磨加大圆角半径 ② 修磨凸模或凹模加大间隙 ③ 增加拉深工序或是退火工序

步骤四　分析拉深工艺的辅助工序

为保证拉深工艺过程的顺利进行，避免拉深缺陷的出现，提高模具的使用寿命，需要安排一些必要的辅助工序。

（1）润滑

由于材料和模具接触面上总是有摩擦力存在，冲压过程中产生的摩擦力对于板料成形不总是有害的，也有有益的一面。例如，圆筒形零件在拉深时（见图 4-18），压料圈、凹模和板料间的摩擦力 F_1、凹模圆角和板料的摩擦力 F_2、凹模侧壁和板料间的摩擦力 F_3 等将增大筒壁传力区的拉应力，并且会刮伤模具和零件的表面，因而对拉深成形不利，应尽量减小；而凸模侧壁、圆角和板料之间的摩擦力 F_4 与 F_5 会阻止板料在危险断面处的变薄，因而对拉深成形是有益的，不应减小。

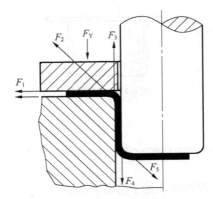

图 4-18　拉深中的摩擦力

拉深中，必须根据不同的要求选择润滑剂的配方和正确的润滑方法。润滑剂（油）一般只能涂抹在凹模的工作面和压边圈表面。也可以将润滑剂（油）涂抹在拉深毛坯和凹模接触的平面上，而在凸模表面或与凸模接触的毛坯表面切忌涂润滑剂（油）等。

（2）热处理

材料硬度过高或成形过程中产生较大的加工硬化，导致继续变形困难甚至无法成形。为了加工的可行，必要时应进行毛坯的软化处理、拉深工序间半成品的退火或拉深后零件的消除应力的热处理。

毛坯材料的软化处理是为了降低硬度，提高塑性，提高拉深变形程度，使拉深系数 m 减小，提高板料的冲压成形性能。

拉深工序间半成品的热处理退火，是为了消除拉深变形的加工硬化，恢复材料的塑性，以保证后续拉深工序的顺利实现。

中间工序的热处理方法主要有两种：低温退火和高温退火。

拉深中间工序的热处理工序，一般是使用在高硬化金属（如不锈钢、高温合金、杜拉铝等），是在拉深一二次工序后，必须进行中间退火工序，否则后续拉深无法进行。

对某些金属材料（如不锈钢、高温合金、黄铜等）拉深成形后的零件，在规定时间内的热处理，目的是消除变形后的残余应力，防止零件在存放（或工作）中的变形、蚀裂等现象，以保证零件的表面质量和尺寸精度。

（3）酸洗

经过热处理的工序件，表面有氧化皮，或者是拉深件上有残留润滑剂、污物等，此时应当对它进行清洗。清洗的方法一般是把冲件放在加热的稀酸液中浸蚀，接着在冷水中漂洗，然后在弱碱溶液中把残留在冲件上的酸中和，最后在热水中洗涤并烘干。通常把这个过程称为酸洗。

项 目 训 练

小组研讨、总结学习体会，分析表 4-8 中拉深件的工艺性。

表 4-8   拉深件工艺性分析实训报告

班级_____	姓名_____	学号_____

试讨论图 4-19 所示拉深制件结构改进前后的结构工艺性。

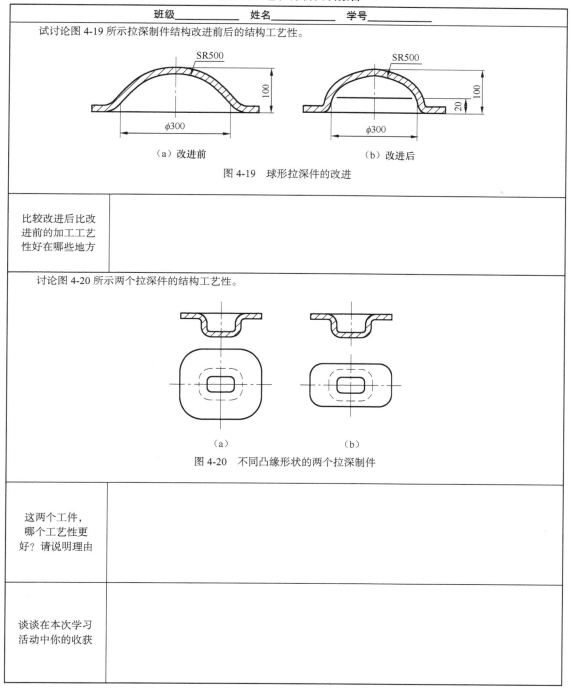

（a）改进前   （b）改进后

图 4-19   球形拉深件的改进

比较改进后比改进前的加工工艺性好在哪些地方	

讨论图 4-20 所示两个拉深件的结构工艺性。

（a）   （b）

图 4-20   不同凸缘形状的两个拉深制件

这两个工件，哪个工艺性更好？请说明理由	
谈谈在本次学习活动中你的收获	

任务四　确定圆筒形件的拉深工艺

学习任务

通过学习圆筒形拉深件的工艺确定方法，确定表 4-13 中拉深件的拉深工艺。

▶ 学习目标

- 掌握拉深系数的概念；
- 具有拉深系数影响因素的分析能力；
- 具有拉深系数和拉深次数的确定能力；
- 具有拉深工序尺寸的计算能力；
- 掌握有凸缘圆筒形拉深件的成形方法。

▶ 设备及工具

- 无凸缘多次拉深的工序件（或相应图片）；
- 有凸缘多次拉深的工序件（或相应图片）。

▶ 学习过程

步骤一　确定拉深系数

图 4-21（d）所示的拉深件是经过图 4-21 所示的 3 次拉深才成形的。在老师的指导下讨论为什么需要经过多次拉深，每次拉深的量应该怎么表示。

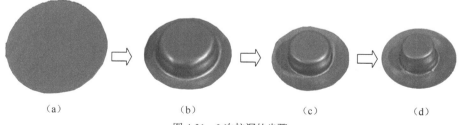

（a）　　　　　　（b）　　　　　　（c）　　　　　　（d）

图 4-21　3 次拉深的步骤

┘定义└

拉深的变形程度用拉深系数 m 来表示，如果圆筒形拉深件的坯料直径是 D，拉深后的直径是 d，则拉深系数 m 为筒形直径 d 和坯料直径 D 的比值，即

$$m = d/D$$

（4-4）

拉深系数是重要的工艺参数，它表示拉深中坯料的变形程度。m 越小，拉深变形程度越大；相反，m 越大，拉深变形程度就越小。拉深系数的倒数称为拉深程度或拉深比，表示为

$$K = 1/m = D/d$$

从降低生产成本出发，希望拉深次数越少越好，即采用较小的拉深系数。但变形加大会使危险断面产生破裂。因此，每次拉深的拉深系数应大于极限拉深系数，才能保证拉深工艺的顺利实现。影响拉深系数的因素很多，如表 4-9 所示。

表 4-9 影响拉深系数的主要因素

序号	因　素	对拉深系数的影响
1	材料的内部组织和力学性能	一般来说，板料塑性好、组织均匀、晶粒大小适当、屈强比小、塑性应变比 r 值大时，板材拉深性能好，可以采用较小的 m 值
2	材料的相对厚度（t/D）	材料相对厚度是 m 值的一个重要影响因素。t/D 大则 m 可小，反之，m 要大，因愈薄的材料拉深时，愈易失去稳定而起皱
3	拉深次数	在拉深之后，材料将产生冷作硬化，塑性降低。所以第一次拉深，m 值最小，以后各道依次增加。只有当工序间增加了退火工序，才可再取较小的拉深系数
4	拉深方式（用或不用压边圈）	有压边圈时，因不易起皱，m 可取得小些。不用压边圈时，m 要取大些
5	凹模和凸模圆角半径（$r_凸$ 和 $r_凹$）	凹模圆角半径较大，m 可小，因拉深时，圆角处弯曲力小，且金属容易流动，摩擦阻力小。但 $r_凹$ 太大时，毛坯在压边圈下的压边面积减小，容易起皱 凸模圆角半径较大，m 可小，如 $r_凸$ 过小，则易使危险断面变薄严重导致硬裂
6	润滑条件和模具情况	模具表面光滑，间隙正常，润滑良好，都可以改善金属流动条件，有助于拉深系数的减小
7	拉深速度（v）	一般情况，拉深速度对拉深系数影响不大。但对于复杂的大型拉深件，由于变形复杂且不均匀，如果拉深速度过高，会使局部变形加剧，不易向邻近部位扩展，而导致破裂。另外，对速度敏感的金属（如钛合金、不锈钢、耐热钢），拉深速度大时，拉深系数应适当加大

总之，有利于提高筒壁传力区拉应力和增加危险断面强度的因素，都有助于变形区的塑性变形，所以能降低拉深系数。

⌐ 拓展 ∟

如图 4-22 所示，多次拉深时的拉深系数有如下特点：

第一次拉深系数 $\qquad m_1 = d_1/D$

第二次拉深系数 $\qquad m_2 = d_2/d_1$

… …

第 n 次拉深系数 $\qquad m_n = d_n/d_{n-1}$

而总拉深系数 $\qquad m_总 = d_n/D$ $\hfill$ （4-5）

也即 $\qquad m_总 = m_1 \cdot m_2 \cdot m_3 \cdot \cdots \cdot m_n$ $\hfill$ （4-6）

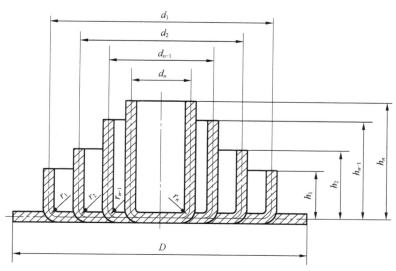

图 4-22　无凸缘圆筒形件多次拉深工序图

步骤二　确定多次拉深的次数

（1）拉深系数的确定

实际生产中，并不是所有的拉深都采用极限拉深系数 m_{min}。因为采用极限值会引起危险断面区域过度变薄而降低零件的质量。所以，当零件质量有较高的要求时，必须采用大于极限值的拉深系数。确定合适的拉深系数通常用查表法（查表 4-10 和表 4-11）。

表 4-10　　　　　　　　　　　　　　圆筒形件有压边圈的极限拉深系数

各次拉深系数	毛坯相对厚度 $t/D \times 100$					
	≤2~1.5	<1.5~1.0	<1.0~0.6	<0.6~0.3	<0.3~0.15	<0.15~0.08
m_1	0.48~0.50	0.50~0.53	0.53~0.55	0.55~0.58	0.58~0.60	0.60~0.63
m_2	0.73~0.75	0.75~0.76	0.76~0.78	0.78~0.79	0.78~0.80	0.80~0.82
m_3	0.76~0.78	0.78~0.79	0.79~0.80	0.80~0.81	0.81~0.82	0.82~0.84
m_4	0.78~0.80	0.80~0.81	0.81~0.82	0.82~0.83	0.83~0.85	0.85~0.86
m_5	0.80~0.82	0.82~0.84	0.84~0.85	0.85~0.86	0.86~0.87	0.87~0.88

注：

1. 表中拉深系数适用于 08、10、15Mn 等普通拉深钢和软黄钢 H62。对拉深性能较差的材料，如 20、25、Q215、Q235、硬铝等应比表中数值大 1.5%~2.0%；对塑性更好的，如 05 等深拉深钢和软铝应比表中数值小 1.5%~2.0%。

2. 表中数值适用于未经中间退火的拉深，如果采用中间退火工序，可比表中数值小 2%~3%。

3. 表中较小值适用于大的凹模圆角半径 $r_d = (8~15)t$，较大值适用小的凹模圆角半径 $r_d = (4~8)t$。

表 4-11　　　　　　　　　　　　　　圆筒形件不用压边圈的极限拉深系数

毛坯相对厚度 $t/D \times 100$	各次拉深系数					
	m_1	m_2	m_3	m_4	m_5	m_6
0.4	0.9	0.92				
0.6	0.85	0.9				
0.8	0.8	0.88				
1.0	0.75	0.85	0.90			
1.5	0.65	0.80	0.84	0.87	0.90	

毛坯相对厚度	各次拉深系数					
$t/D \times 100$	m_1	m_2	m_3	m_4	m_5	m_6
2.0	0.60	0.75	0.80	0.84	0.87	0.90
2.5	0.55	0.75	0.80	0.84	0.87	0.90
3.0	0.53	0.75	0.80	0.84	0.87	0.90
>3	0.50	0.70	0.75	0.78	0.82	0.85

注：此表使用要求和表 4-7 相同。

确定是否采用压边圈，可以由公式（4-7）判断。公式成立则不需要采用压边圈，否则必须用压边圈。

$$\frac{t}{D} \geqslant 0.03 \times \left(1 - \frac{d}{D}\right) \tag{4-7}$$

式中：t ——材料厚度（mm）；

D ——毛坯直径（mm）；

d ——拉深件直径（mm）。

（2）拉深次数的确定

当 $m_{总} > m_{min}$ 时，则这个零件可一次拉深成形，否则必须多次拉深。拉深次数通常只能概略进行估计，最后需通过工艺计算来确定。初步确定圆筒件拉深次数的方法有计算法、查表法、推算法和图析法，其中查表法应用最广泛，即查表 4-12。

表 4-12   拉深次数的确定

相对高度 h/d　　相对厚度 $t/D \times 100$　　拉深次数 n	2～1.5	1.5～1.0	1.0～0.6	0.6～0.3	0.3～0.15	0.15～0.06
1	0.94～0.77	0.84～0.65	0.70～0.57	0.62～0.5	0.52～0.45	0.46～0.38
2	1.88～1.54	1.60～1.32	1.36～1.1	1.13～0.94	0.96～0.83	0.9～0.7
3	3.5～2.7	2.8～2.2	2.3～1.8	1.9～1.5	1.6～1.3	1.3～1.1
4	5.6～4.3	4.3～3.5	3.6～2.9	2.0～2.4	2.4～2.0	2.0～1.5
5	8.9～6.6	6.6～5.1	5.2～4.1	4.1～3.3	3.3～2.75	2.7～2.0

注：本表适用于 08、10 等软钢。

步骤三   计算多次拉深时的工序尺寸

确定拉深次数以后，由表查得各次拉深的极限拉深系数，适当放大，并加以调整（注意一定要保证 $m_1 m_2 \cdots m_n = \frac{d}{D}$，且 $m_1 < m_2 < \cdots m_n$），这可计算各次工序件的直径和高度。

（1）工序件直径的确定

按照调整后的拉深系数，计算各次工序件直径。

$$\begin{cases} d_1 = m_1 D \\ d_2 = m_2 d_1 \\ \quad\cdots \\ d_n = m_n d_{n-1} \end{cases} \tag{4-8}$$

（2）工序件高度的计算

根据拉深后工序件表面积和坯料表面积相等的原则，可得到如下工序件高度计算公式。

$$\begin{cases} h_1 = 0.25\left(\dfrac{D^2}{d_1} - d_1\right) + 0.43\dfrac{r_1}{d_1}\left(d_1 + 0.32r_1\right) \\[2mm] h_2 = 0.25\left(\dfrac{D^2}{d_2} - d_2\right) + 0.43\dfrac{r_2}{d_2}\left(d_2 + 0.32r_2\right) \\[2mm] \cdots \\[2mm] h_n = 0.25\left(\dfrac{D^2}{d_n} - d_n\right) + 0.43\dfrac{r_n}{d_n}\left(d_n + 0.32r_n\right) \end{cases} \tag{4-9}$$

实例

图 4-23 为无凸缘圆筒拉深件尺寸图，它的材料为 10 钢，料厚为 2mm。试计算拉深各工序件尺寸。

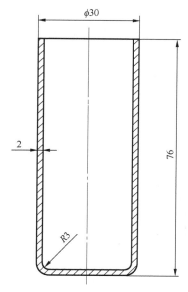

图 4-23　无凸缘拉深件

解：因为 $t > 1\text{mm}$，所以按板厚中径尺寸计算。

（1）计算坯料直径

查表 4-2 得切边余量 $\Delta h = 6\text{mm}$

查表 4-5，它的毛坯计算公式

$$D = \sqrt{d_1^2 + 4d_2h_1 + 6.28rd_1 + 8r^2}$$

因　$d_1 = 20\text{mm}$，$d_2 = 28\text{mm}$，$h_1 = 77\text{mm}$，$r = 4\text{mm}$

经计算得到　$D = 98.2\text{mm}$

（2）确定拉深次数

坯料相对厚度 $\dfrac{t}{D} = \dfrac{2}{98.2} \times 100\% = 2.03\%$，相对高度 $\dfrac{h}{d} = \dfrac{76+6}{28} = 2.92$，查表 4-10 得拉深次数

是 3 次。

因为 $0.03 \times \left(1 - \dfrac{d}{D}\right) = 0.03\left(1 - \dfrac{28}{98.2}\right) = 0.0214$，则不满足式（4-7），首次拉深必须采用压料圈。

根据 $\dfrac{t}{D} = 2.03\%$，查表 4-10 得各次极限拉深系数：

$$m_1 = 0.50, \quad m_2 = 0.75, \quad m_3 = 0.78$$

则
$$d_1 = m_1 D = 0.50 \times 98.2\text{mm} = 49.2\text{mm}$$
$$d_2 = m_2 d_1 = 0.75 \times 49.2\text{mm} = 36.9\text{mm}$$
$$d_3 = m_3 d_2 = 0.78 \times 36.9\text{mm} = 28.8\text{mm}$$

因 $d_3 > d_0$，故应用 4 次拉深成形。查表 4-10 得 $m_4 = 0.8$。

（3）各次拉深工序件尺寸的确定

经调整后的各次拉深系数
$$m_1 = 0.52, \quad m_2 = 0.78, \quad m_3 = 0.83, \quad m_4 = 0.846$$

各次工序件直径为
$$d_1 = 53.6\text{mm}, \quad d_2 = 41.9\text{mm}, \quad d_3 = 35.1\text{mm}, \quad d_4 = 30\text{mm}$$

各次工序件底部圆角半径取
$$r_1 = 8\text{mm}, \quad r_2 = 5\text{mm}, \quad r_3 = 4\text{mm}, \quad r_4 = 3\text{mm}$$

各次工序件高度为
$$h_1 = 38.4\text{mm}, \quad h_2 = 53.7\text{mm}, \quad h_3 = 67.3\text{mm}, \quad h_4 = 82\text{mm}$$

（4）绘制工序件草图

工序件草图如图 4-24 所示。

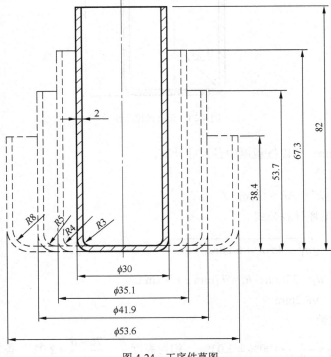

图 4-24　工序件草图

步骤四　确定有凸缘圆筒形拉深件多次拉深的次数

有凸缘圆筒形拉深件的拉深过程和无凸缘圆筒形件的拉深过程相比，其区别仅在于将毛坯拉深至某一时刻，达到零件所要求的凸缘直径 d 时拉深结束，而不是将凸缘变形区的材料全部拉入凹模内。

根据凸缘的宽度有宽凸缘和窄凸缘之分，两者多次拉深时是有一定区别的。观察图 4-25 和图 4-26，讨论两者多次拉深时的区别。

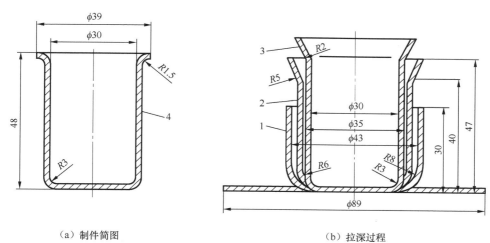

（a）制件简图　　　　　　　　　　（b）拉深过程

图 4-25　窄凸缘筒形件拉深过程

1—第 1 次拉深工序件　2—第 2 次拉深工序件　3—第 3 次拉深工序件　4—拉深制件

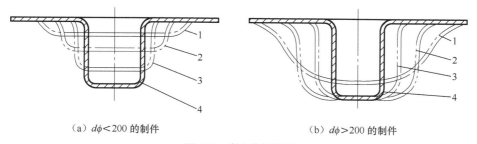

（a）$d\phi<200$ 的制件　　　　　　　　（b）$d\phi>200$ 的制件

图 4-26　宽凸缘件拉深

1—第 1 次拉深工序件　2—第 2 次拉深工序件　3—第 3 次拉深工序件　4—拉深制件

┘提示┗

两者最主要的区别在于，窄凸缘圆筒形件是先拉深无凸缘制件，再把凸缘"翻"出来。

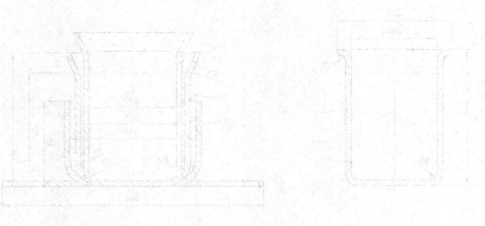

项　目　训　练

小组研讨、总结学习体会，确定表4-13中圆筒形拉深件的工艺性。

表4-13　　　　　　　　　圆筒形拉深件的拉深工艺确定实训报告

班级＿＿＿＿＿＿	姓名＿＿＿＿＿＿ 学号＿＿＿＿＿＿

图4-27为拉深件零件图，试确定其拉深工艺。

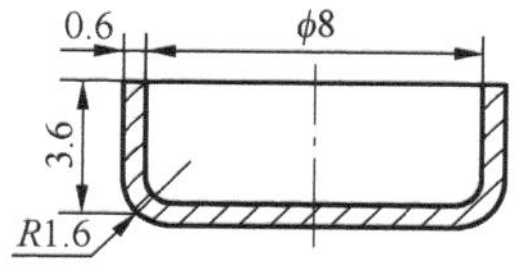

图4-27　拉深件零件图

利用经验公式 计算毛坯尺寸	
毛坯相对厚度	
计算拉深系数	
需要几次拉深	
计算拉深工序尺寸	
谈谈在本次学习 活动中你的收获	

任务五 确定非圆筒形件的拉深工艺

学习任务

通过学习非圆筒形拉深件的工艺确定方法，完成表 4-14 所示的实训报告。

> **学习目标**

- 掌握阶梯形拉深件多次拉深的方法；
- 掌握球面拉深件的拉深工艺；
- 掌握抛物面拉深件的拉深工艺；
- 掌握盒形拉深件的拉深工艺。

> **设备及工具**

- 阶梯拉深件（或阶梯拉深件图片）；
- 半球形拉深件（或半球形拉深件图片）；
- 抛物面拉深件（或抛物面拉深件图片）；
- 盒形拉深件（或盒形拉深件图片）。

> **学习过程**

步骤一 讨论阶梯拉深件的工艺方法

图 4-28 所示为阶梯圆筒形零件的拉深，它的变形特点和圆筒形件的拉深基本相同，但拉深次数、拉深方法等和圆筒形件拉深是有区别的。

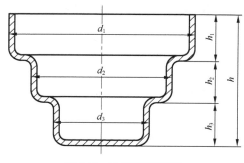

图 4-28 阶梯圆筒形零件

 讲解

阶梯拉深件多次拉深时主要有从大阶梯到小阶梯（见图 4-29）和从小阶梯到大阶梯（见图

4-30）两种方法。

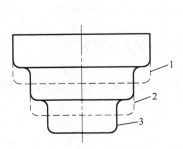

图 4-29　由大阶梯到小阶梯的拉深
1—第 1 次拉深工序件　2—第 2 次拉深工序件
3—第 3 次拉深工序件

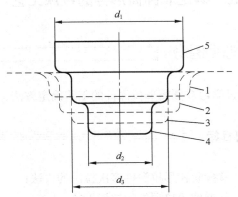

图 4-30　由小阶梯到大阶梯的拉深
1—第 1 次拉深工序件　2—第 2 次拉深工序件
3—第 3 次拉深工序件　4—拉深制件　5—第 5 次拉深工序件

当每相邻阶梯的直径比 d_2/d_1，$d_3/d_2\cdots d_n/d_{n-1}$ 都大于相应的圆筒形件的极限拉深系数时，则由大阶梯到小阶梯依次成形；当某相邻两个阶梯直径的比值 d_n/d_{n-1} 小于相应圆筒形零件的极限拉深系数时，则先拉深小直径再拉深大直径。

除此之外，通常有大小直径差别较大的浅阶梯形拉深件不能一次拉深成形时，可以采用图 4-31 所示的先拉深成球面形状或大圆角筒形的过渡形状，然后再采用校形工序得到零件的工艺顺序。

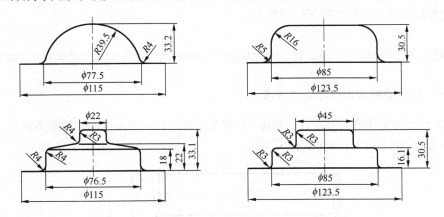

（a）从球面到阶梯的拉深方法 08 钢 t =0.8mm　　（b）从去圆角筒形到阶梯的拉深方法 10 钢 t =1.5mm
图 4-31　浅阶梯形拉深件的成形方法

步骤二　讨论球面拉深件的拉深工艺方法

半球形零件的拉深系数为

$$m = \frac{d}{D} = \frac{d}{\sqrt{2}d} = 0.71 \text{（常数）} \tag{4-10}$$

所以，半球形件拉深系数和零件直径大小无关，它的值大于圆筒形极限拉深系数，因此不能够作为设计工艺过程的依据。应该以坯料的相对厚度 t/D 作为判断成形难易程度和选定拉深方法的依据。

⌐ 讲解 ⌐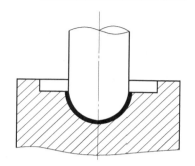

球面拉深件通常采用图 4-32 所示的不带压料装置的简单拉深模一次拉深成形。以这种方法拉深，在拉深初始凸模单点接触坯料，其余材料处于悬空状态，处于自由状态，导致起皱，需要用球形底凹模在拉深工作行程结束时进行整形，也可以增大压料力或反向拉深。

步骤三　讨论抛物面拉深件的拉深工艺方法

抛物面形零件在拉深时和球形件一样，材料处于悬空状态，极易发生内皱；而和球形件不同的是半球形件的拉深系数是一个常数，只需采取一定的工艺措施防止内皱即可。

图 4-32　不带压料装置的球形件拉深

⌐ 讲解 ⌐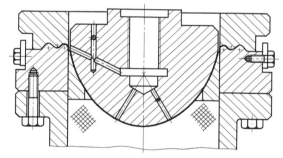

抛物面拉深件，由于母线形状复杂，拉深时变形区的部位、受力状态、变形特点都随冲件形状、尺寸不同而变化，不能简单地用拉探系数去衡量或判断成形的难易程度。浅抛物面拉深件常用图 4-33 所示的成形方法（设置拉深筋）；深抛物面拉深件则可用图 4-34 所示的方法进行拉深。

步骤四　讨论盒形拉深件的拉深工艺方法

图 4-33　带拉深筋的抛物面拉深模

盒形拉深件与旋转体零件的拉深相比，毛坯的变形分布要复杂得多，如图 4-35 所示。从

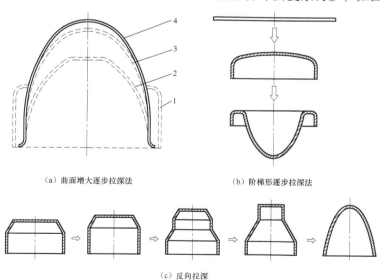

（a）曲面增大逐步拉深法　　　　　（b）阶梯形逐步拉深法

（c）反向拉深

图 4-34　深抛物面拉深件多次拉深

1—第 1 次拉深工序件　2—第 2 次拉深工序件　3—第 3 次拉深工序件　4—拉深制件

几何形状考虑，盒形拉深件是由圆角和直边两个部分组成，但由于直边和圆角相互影响，它的拉深变形只能近似地认为圆角部分相当于圆柱形的拉深，而直边部分相当于简单的弯曲。在拉深时，圆角部分材料要向直边部分流动，所以直边部分受到挤压，因而减轻了圆角部分材料的变形程度。因此，与圆筒形件的拉深件相比，最大的差别是拉深件周边和径向的变形不均匀，圆角部分变形大，直边部分变形小。所以拉深时，材料的稳定性较高，直边部分很少发生起皱现象。

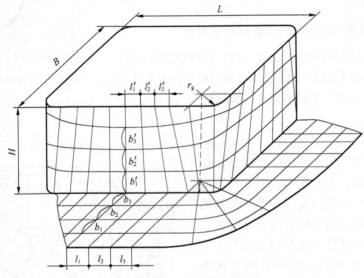

图 4-35　盒形拉深件网格的变形

盒形件拉深变形程度可以用拉深系数和相对高度来表示。它的极限变形程度不仅取决于材料性质和坯料的相对厚度 t/D（或 t/B），还与零件相对圆角半径 r/B 有密切关系。

盒形件多次拉深时的变形特点，不但不同于圆筒形件的多次拉深，而且与盒形件的首次拉深也有较大的区别。盒形件以后各次拉深变形过程如图 4-36 所示，工件底部和已进入凹模高度为 h_2 的直壁是传力区，宽度为 b_n 的环形部分是变形区，高度为 h_1 的直壁部分是待变形区。在拉深过程中，随着拉深凸模的向下运动，高度 h_2 不断增大，而高度 h_1 则逐渐减小，直到全部进入凹模而形成盒形件的侧壁。

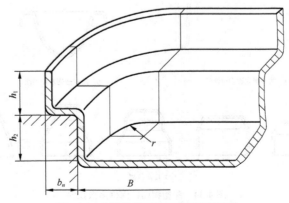

图 4-36　盒形件以后各次拉深变形过程

项 目 训 练

小组研讨、总结学习体会，完成表 4-14 所示的实训报告。

表 4-14   非圆筒形件拉深工艺的确定实训报告

班级_____ 姓名_____ 学号_____	
阶梯拉深工艺有哪些？试用草图表达	
球面拉深系数是否可变？为什么	
抛物面拉深工艺有哪些？试用草图表达	
简单叙述盒形拉深件的变形特点	
谈谈在本次学习活动中你的收获	

任务六　分析拉深模结构

通过学习拉深模的结构特点和工作原理,分析表 4-15 中球面罩拉深切边复合模的结构特点和工作原理。

▶ 学习目标

- 具有无压边圈首次拉深模、有压边圈首次拉深模、无压边圈后续拉深模、复合拉深模和连续拉深模的典型结构和工作原理的分析能力;
- 具有双动拉深模、柔性拉深模的结构特点和工作原理的分析能力。

▶ 设备及工具

- 无压边圈首次拉深模(或相应模具图纸);
- 有压边圈首次拉深模(或相应模具图纸);
- 无压边圈后续拉深模(或相应模具图纸);
- 复合拉深模和连续拉深模(或相应模具图纸);
- 相应冲床。

▶ 学习过程

拉深模可以根据其拉深顺序分为首次拉深模和后续拉深模;根据工序组合情况不同可分为单工序拉深模、复合拉深模、级进拉深模;根据有无压料装置可分为有压料装置拉深模和无压料装置拉深模。

步骤一　分析无压边圈首次拉深模

把图 4-37 所示的无压边圈首次拉深模安装在冲床上,点动启动冲床观察合模过程和试模的产品。讨论刮件器和模具的结构特点以及工作原理。

」提示 ∟

这副模具加工得到的拉深件直接从凹模 2 底下落下,为了从凸模 5 上卸下冲件,在凹模 2 下装有刮件器 3,当拉深工作行程结束,凸模 5 回程时,卸件器下平面作用于拉深件口部把零件卸下。为防止制件和凸模制件形成真空造成卸件困难,凸模上钻有直径为 3mm 以上的通气孔。这副模具中的卸件器是环式的,通过拉簧把两块箍在一起,凸模推动制件从卸件器上端圆弧进入,越过卸件器后,拉簧回弹箍住凸模把制件卸下。如果板料较厚,拉深件深度较小,拉深后有一定回弹量。回弹引起拉深件口部张大，当凸模回程时，凹模的下平面挡住拉深件口部而自然卸下拉深件。

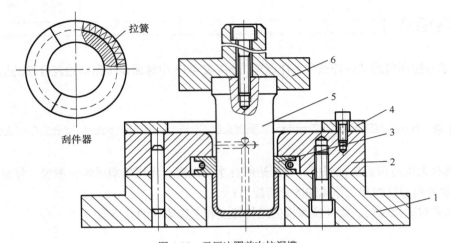

图 4-37　无压边圈首次拉深模

1—下模座　2—凹模　3—刮件器　4—定位板　5—凸模　6—上模座

步骤二　分析有压边圈首次拉深模

在老师的指导下，拆装图 4-38 所示的有压边圈首次拉深模，并把它与图 4-37 所示的无压边圈首次拉深模结构进行比较，再讨论它的结构特点和工作原理。

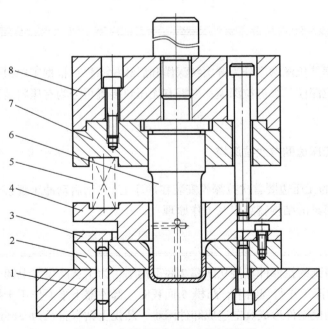

图 4-38　有压边圈的正装式首次拉深模

1—下模座　2—凹模　3—定位板　4—压边圈　5—弹簧　6—凸模　7—凸模固定板　8—上模座

⌐ 提示 ∟

　　这副拉深模的压料装置在上模，这种结构称为正装式。由于弹性元件的高度受模具闭合高度的限制，因而这种结构的拉深模适用于拉深深度不大的零件。

⌐ 拓展 ∟

　　图 4-39 所示的首次拉深模的压边圈安装在下模，这种结构称为倒装式。它的压边圈是锥形压边圈，它的弹性元件在下模底下，工作行程可以较大，可用于拉深深度较大的零件，应用广泛。

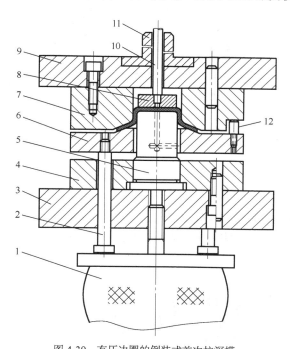

图 4-39　有压边圈的倒装式首次拉深模

1—顶件橡胶　2—顶杆　3—下模座　4—凸模固定板　5—凸模　6—锥形压边圈
7—凹模　8—推板　9—上模座　10—推杆　11—模柄　12—限位柱

步骤三　分析后续拉深模

　　所谓后续拉深模，是指把经首次拉深后的半成品加工成符合要求的制品的拉深模。与首次拉深模比较，后续拉深模加工的对象不再是毛坯板料，而是工序件。所以，模具结构和首次拉深模存在一定区别。试拆装图 4-40 所示的后续拉深模并试模，讨论它的模具结构特点和工作原理。

⌐ 讨论 ∟

　　这副模具没有压边装置，毛坯用定位板 4 的内孔定位（定位板的孔和坯件有 0.1mm 左右的间隙）。这副模具采用的是锥形模口的凹模结构，凹模 3 的锥面角一般为 30°～45°，拉深时起增强变形区的稳定能力，拉深零件从下模板和压力机台面的孔漏下。

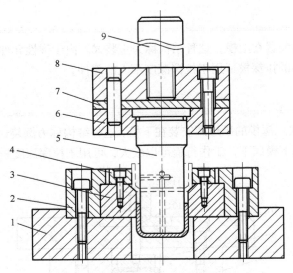

图 4-40 无压边圈的后续拉深模

1—下模座 2—固定圈 3—凹模 4—定位板 5—凸模 6—固定板 7—垫板 8—上模座 9—模柄

⌐拓展⌐

图 4-41 所示为有压边圈装置的后续拉深模，这里的压边圈兼有 3 个功能：定位、压料、卸件。如果工作完成后拉深件卡在凹模型腔中，则由上模推件装置推出。

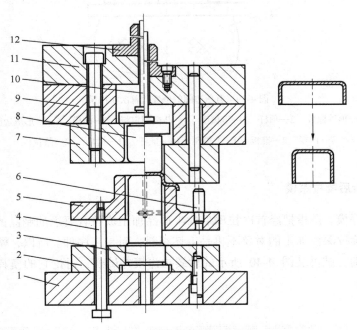

图 4-41 有压边圈的后续拉深模

1—下模座 2—凸模固定板 3—凸模 4—顶杆 5—压边圈 6—限位柱 7—凹模

8—顶件块 9—凹模固定板 10—推杆 11—上模座 12—模柄

步骤四　分析双动拉深模

大型和形状复杂的零件拉深，常采用双动压力机进行制品零件的拉深成形。到相关工厂观察安装在双动压力机上的双动拉深模的工作过程，通过老师的讲解了解它的工作原理。

⌐ 讲解 ⌐

图 4-42 所示为是双动压力机用首次拉深模，下模由凹模 2、定位板 3、下模座 1 等组成。上模的压边圈和上模座 6 固定在外滑块上，凸模 5 通过凸模固定杆 7 固定在内滑块上，实现压紧装置由外滑块提供压力，拉深凸模则由内滑块提供压力的过程。这副模具可以用于拉深带凸缘和不带凸缘的拉深件。双动拉深模不需要弹性压边装置，所以结构大大简化。

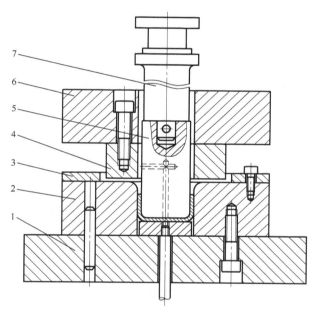

图 4-42　双动压力机用首次拉深模

1—下模座　2—凹模　3—定位板　4—压边圈　5—凸模　6—上模座　7—凸模固定杆

步骤五　分析柔性拉深模

所谓柔性拉深模，是指凸模或凹模用液体、橡胶或气体的压力机代替刚性的凸模或凹模对板料进行冲压的方法。在老师的讲解下了解液体拉深模和聚氨酯橡胶拉深模的结构和工作原理。

⌐ 讲解 ⌐

图 4-43 所示为液体凸模拉深的变形过程。板料首先在液体压力作用下发生胀形；当液体压力继续增大时，材料组件进入凹模，并形成筒壁；压力再急剧上升，完成整形阶段。这种模具结构简单，有时不用冲压设备也能进行拉深工作，所以它常用于尺寸或形状极为复杂零件的拉深。但是，由于拉深时，液体和毛坯之间不存在摩擦力，毛坯的稳定性不好，容易偏斜，而且中间部分容易变薄，所以这个方法的应用受到一定限制。为提高使用性能，也可以采用图 4-44 所示的聚氨

酯橡胶凸模拉深。

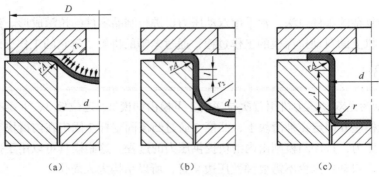

（a）　　　　　　　　　　（b）　　　　　　　　　　（c）

图 4-43　液体凸模拉深变形过程

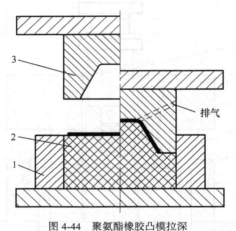

图 4-44　聚氨酯橡胶凸模拉深

1—容框　2—聚氨酯凸模　3—凹模

　　图 4-45 和图 4-46 所示分别为液体凹模和聚氨酯橡胶凹模拉深。这种成形方法有利于提高制件质量，并简化成形工艺。

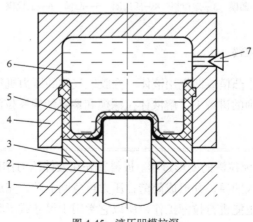

图 4-45　液压凹模拉深

1—顶板　2—凸模　3—压料圈　4—高压容器　5—橡胶囊　6—液体　7—调压阀

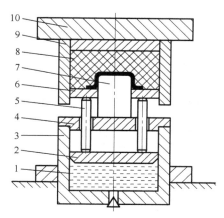

图 4-46 聚氨酯橡胶凹模拉深

1—液体 2—密封板 3—液压缸 4—凸模固定板 5—顶杆 6—压料圈 7—凸模 8—橡胶 9—容框 10—模座

步骤六 分析复合拉深模

复合拉深模是在压力机的一次冲程中，在模具同一位置上完成拉深和其他工序的模具。如图 4-47 所示的复合模可完成落料、拉深两个工序。

⌐ **提示** ∟

这副模具的拉深凸模 4 应低于落料凹模 2 一个板料厚度。压料圈 5 既有压料作用，又有顶件作用。由于有顶件作用，上模回程时，冲件可能留在凸凹模 3 的型腔中，所以需要设置推件块 1。

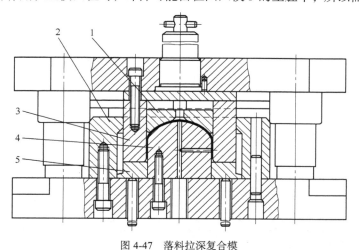

图 4-47 落料拉深复合模

1—推件块 2—落料凹模 3—凸凹模 4—拉深凸模 5—压料圈

⌐ **拓展** ∟

双动拉深复合模也是常见结构。图 4-48 所示为使用在双动压力机上的落料拉深复合模结构示意图。模具中的拉深凸模 4 固定在压力机的内滑块 1 上，而压边圈 3（压边圈兼有落料凸模作用）固定在压力机的外滑块 2 上。当冲压行程开始时，外滑块带动压边圈 3 下降，首先和落料凹模 6

作用完成落料，接着压住坯料的外边缘。随后，内滑块 1 带动拉深凸模 4 下降，对坯料进行拉深成形。冲压成形结束后，随着内滑块 1 的回升，外滑块也带动压边圈 3 回复到最上位置。这时，压力机台面下的顶块 5 把制件由拉深凹模型腔中顶出，完成冲压过程。

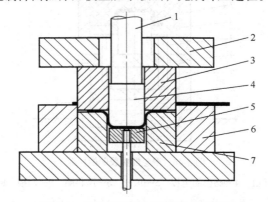

图 4-48　双动压力机上的落料拉深复合模

1—内滑块　2—外滑块　3—压边圈　4—拉深凸模　5—顶块　6—落料凹模　7—拉深凹模

步骤七　分析连续拉深模

图 4-49 所示为连续拉深的排样带料。它是用带料由一端顺序拉深，直到最后一次拉深时才把制件由带料上冲落。这种连续拉深的方法应用非常广泛。带料连续拉深是在带料上完成全部工序，中间工序半成品不和带料分离，不允许进行中间退火，所以拉深件总变形量受材料不进行中间退火允许的最大总拉深变形程度的制约。在老师的指导下，拆装图 4-50 所示的连续模，结合图 4-51 所示的排样图分析、讨论它的结构特点。

图 4-49　连续拉深的排样带料

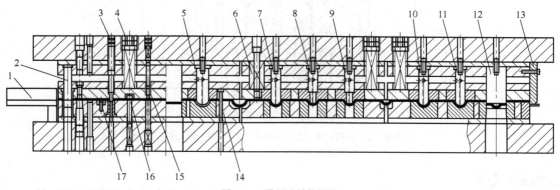

图 4-50　带料连续拉深模

1—导料板　2—内导组件　3—冲导正孔组件　4—压料弹簧　5—首次拉深组件　6—卸料螺钉组件　7—二次拉深组件　8—三次拉深组件　9—四次拉深组件　10—首次整形组件　11—二次整形组件　12—分离组件　13—废料切断组件　14—导正销　15—探误装置　16—浮顶导料销　17—压料限位块

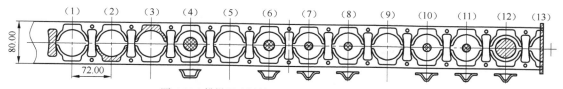

图 4-51　排样图（材料：1Cr18Ni9，料厚：2.6mm）

（1）、（2）、（3）落料、切口，（4）首次拉深，（5）、（9）空位，

（6）、（7）、（8）2 次、3 次、4 次拉深，（10）、（11）整形，（12）分离，（13）切断

讨论

（1）支撑、导向结构设计

这副模具规模大，因热处理变形、加工设备行程不够等原因，模板设计成相拼方式。为保持模具的稳定性，上下模采用滚动型导向组件（图中未绘出）。为提高模板之间的相对位置精度，在凸模固定板、卸料板、凹模固定板之间设计了内导组件 2，为保证模具表面的清洁，内导结构采用石墨自润滑型。

（2）压料、卸料结构设计

拉深过程中，材料流动的不均衡容易使条料产生变形，所以需要较大的压料力，仅仅采用卸料螺钉组件 6 这种装置是不够的，所以增加了压料弹性 4，能提供较大的压料、卸料力，同时通过调节上端的堵头螺塞可以调节弹簧的预压力。这里选用的弹性元件是矩形弹簧，工作时提供的压边力随行程的增大而增大，这就可能导致条料严重压薄，所以对压边量采用压料限位块 17 来控制。为防止压力机闭模高度调节不准确，而导致拉深件的高度不稳定的缺陷，上下模之间应设计限位柱（图中未绘出）控制合模高度。

（3）送料导向、定距结构设计

板料厚度为 2.6mm，有较好的送料强度，所以送料导向选用浮顶导料销 16，既实现导料又满足抬料。送料初定距依靠模具外的自动送料机构，配合导正销 14 即可实现精密定位，如果出现误送则探误装置 15 即可传输信号到冲床，立即停机。

拓展

带料连续拉深时，制品成形会受到带料的影响，从而成形效果不理想，特别是一些深拉深件，采用带料连续拉深无法成形。此时，需要半成品连续拉深，即通过特有的设备、装置把已经脱离带料的半成品送到拉深工位上进行拉深。半成品连续拉深，通常有机械手送料和卧式冲床加工两种方式，这里仅讲述卧式冲床上的连续拉深。

图 4-52 所示为半成品连续拉深模。这副模具在特种卧式压力机上工作。凸模的动作由右向左，坯料是经首次拉深后的半成品。工作时，把坯料放在凸模座 6 顶部滑槽中，由于自重半成品顺着滑槽滑下，进入第一次拉深的凹模洞口，它的位置由第一个滑槽的底端高低决定。这时，第一次拉深模的凸模 3 对半成品进行首次拉深，并把制件穿过凹模。回程时，半成品被击落而滑到下一个凹模洞口，依此顺序，半成品经过 4 次拉深后，即形成制品零件，并从第 4 个凹模的底端落出。

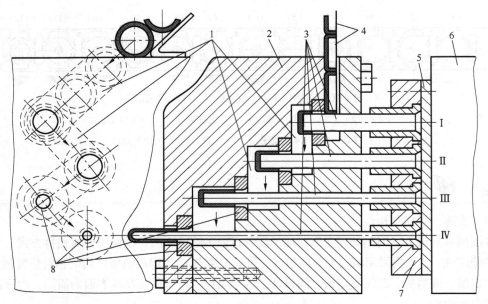

图 4-52　半成品连续拉深模

1—孔道　2—凹模座　3—凸模　4—半成品坯件　5—垫板　6—凸模座　7—凸模板　8—凹模

项 目 训 练

小组研讨、总结学习体会，分析表 4-15 中球面罩拉伸切边复合模的结构特点。

表 4-15　　　　　　　　球面罩拉深切边复合模结构分析实训报告

班级_____	姓名_____	学号_____	

图 4-53 所示为球面罩拉深切边复合模，试分析模具结构特点和工作原理。

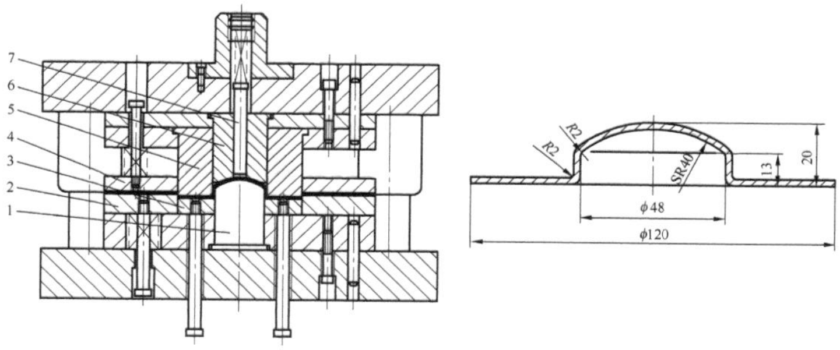

图 4-53　球面罩拉深切边复合模

填写零件名称	1_____　　2_____　　3_____　　4_____ 5_____　　6_____　　7_____
简述该模具的 结构特点	
简述该模具的 工作原理	
谈谈在本次学习 活动中你的收获	
提示	这副模具工作过程如图 4-54 所示的 3 个过程。 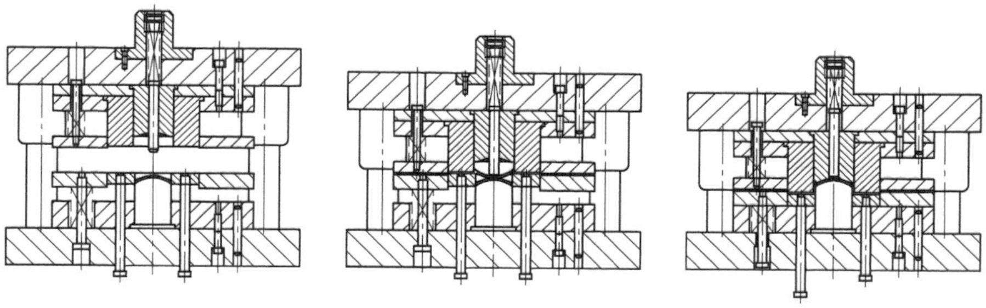 （a）开模　　　　　　（b）正拉深　　　　　　（c）反拉深 图 4-54　模具工作过程

任务七　设计拉深模工作零件的结构

学习任务

学习拉深模工作零件结构，完成表 4-16 中拉深凸模和凹模的设计。

> **学习目标**

- 具有确定拉深凸模和凹模之间间隙的能力；
- 具有确定拉深凸模和凹模圆角半径大小的能力；
- 具有拉深凸模和凹模的结构设计能力；
- 具有压边装置的结构设计能力。

> **设备及工具**

- 简单拉深模的凸模和凹模（或凸模和凹模图纸）；
- 游标卡尺、影像投影机、圆角 R 值测量器等测量仪器。

> **学习过程**

步骤一　确定凸模和凹模之间的间隙

拉深模凸模和凹模之间的间隙对拉深力、制件质量、模具寿命等都有很大的影响。间隙过大，拉深件口部小的皱纹得不到挤平而残留在表面，同时零件回弹变形大，有锥度同，精度差。间隙过小，摩擦阻力增大，零件变薄严重，甚至拉裂，同时模具磨损加大，寿命低。

测量凸模尺寸和凹模尺寸，获得它们之间的间隙值，再试模观察制件质量，判定间隙是否合理。

⌐ 经验 ⌐

① 无压边圈拉深模具的单边间隙

$$c = (1 \sim 1.1)\, t_{\max} \quad （末次拉深取小值）\tag{4-11}$$

② 有压边圈拉深模具的单边间隙值

$$c = (1.1 \sim 1.2)\, t \tag{4-12}$$

对于精度要求高的拉深件，为了减小回弹，提高表面质量和尺寸精度，常用拉深间隙值

$$c = (0.9 \sim 0.95)\, t$$

步骤二　确定凸模和凹模的圆角

⌐ 经验 ⌐

如图 4-55 所示，拉深凹模圆角半径可按以下经验公式计算：

$$r_a = 0.8\sqrt{(D-d)t} \qquad (4\text{-}13)$$

$$r_{an} = (0.6 \sim 0.8)t_{d_{n-1}} \nleq 2t \qquad (4\text{-}14)$$

式中：D ——毛坯直径或上道工序拉深件直径；

d ——本道工序拉深件的直径。

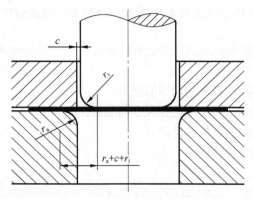

图 4-55　拉深凸模和凹模结构参数

凸模圆角半径 r_t 过小，毛坯在此处受到较大的弯曲变形，使危险断面的强度降低，引起危险断面局部变薄甚至开裂；r_t 过大时，凸模端面和毛坯接触面积减小，易使拉深件底部变薄增大和圆角处出现内皱。一般首次拉深凸模圆角半径为

$$r_t = (0.7 \sim 1.0)\, r_a \qquad (4\text{-}15)$$

以后各次拉深凸模圆角半径为

$$r_{t(n-1)} = \frac{d_{n-1} - d_n - 2t}{2} \qquad (4\text{-}16)$$

式中：d_{n-1} ——本工序的拉深直径；

d_n ——下道工序的拉深直径。

最后一次拉深时，凸模圆角半径应等于零件圆角半径，$r_{tn} = r_{零件} \nleq t$，否则应加整形工序。

步骤三　设计拉深凸模和凹模的结构

凸模和凹模的结构设计，是在保证工作强度的情况下，要有利于拉深变形金属的流动，有利于提高拉深件的质量和板料的成形性能，减少拉深工序次数。当拉深件的材料、形状和尺寸大小、拉深方法及变形程度不同时，则模具的结构也不同。

⌐ 经验 L

（1）无压边圈的拉深模

当毛坯相对厚度（t/D）较大的一次成形浅拉深件时，可采用图 4-56 所示的结构形式。

图 4-56（a）所示为圆弧洞口凹模，其制造简单，适用于大型零件拉深；图 4-56（b）所示为锥面形洞口凹模；图 4-56（c）所示为渐开线形洞口凹模，加工难度较大，适用于材料相对厚度较小的中小型零件拉深。图 4-56（b）、（c）型凹模洞口使拉深毛坯变形的过渡形状呈曲面形状，

因而增大了抗失稳能力。

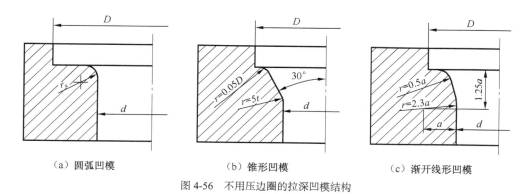

（a）圆弧凹模 （b）锥形凹模 （c）渐开线形凹模

图 4-56 不用压边圈的拉深凹模结构

（2）有压边圈的拉深模

当毛坯相对厚度（t/D）较小，必须采用压边圈拉深时，一般采用图 4-57 所示的模具结构。

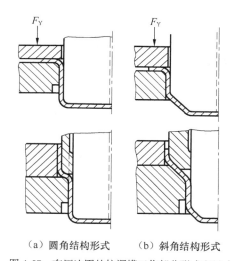

（a）圆角结构形式 （b）斜角结构形式

图 4-57 有压边圈的拉深模工作部分形式和尺寸

图 4-57（a）是圆角结构形状，多用于拉深件直径 $d \leq 100mm$ 的拉深。图 4-57（b）所示为斜角结构形式，常用于拉深直径 $d > 100mm$ 的拉深。斜角结构的优点：坯件在下一次拉深时容易定位；可以减轻坯料在拉深中的反复弯曲变形，提高拉深件的侧壁质量；锥面可以改善金属的流动，从而减小了变形抗力，材料也不易变薄。但必须注意，在形状和尺寸设计上，前后两道工序的凸模、凹模与压边圈锥角和尺寸的协调。

（3）拉深凸模的通气孔

拉深时变形材料包紧在凸模上，取件时零件和凸模间会形成真空状态，如果无通气孔，则取件困难，甚至使零件变形。

步骤四　设计凸模和凹模工作尺寸

凸模和凹模工作部分尺寸将影响拉深件的回弹、壁厚均匀度和模具的磨损规律。对于多次拉深时的中间过渡拉深工序，它的半成品尺寸要求不高，这时模具的尺寸只要取半成品过渡尺寸即可，基准选用凹模或凸模没有硬性规定；最后一道工序的凸模、凹模尺寸和公差应按零件的要求来确定。

┘ 经验 └

如图 4-58（a）所示，当零件要求外形尺寸时，

$$D_a = \left(D_{max} - 0.75\Delta\right)_0^{+\delta a} \qquad (4-17)$$

$$D_t = \left(D_d - 0.75\Delta\right)_{-\delta t}^0 \qquad (4-18)$$

如图 4-58（b）所示，当零件要求内形尺寸时，

$$d_t = \left(d_{min} + 0.4\Delta\right)_{+\delta t}^0 \qquad (4-19)$$

$$d_a = \left(d_t - 2c\right)_0^{+\delta t} \qquad (4-20)$$

模具制造公差 δa、δt 应根据拉深件的公差等级来选定。当零件公差为 IT13 级以上时，δ 使用 IT6～IT8 级；当零件公差为 IT14 级以下时，δ 使用 IT10 级。

凸模工作圆柱面粗糙度一般要求为 $Ra0.8\mu m$；圆角和端面加工为 $Ra1.6\mu m$。

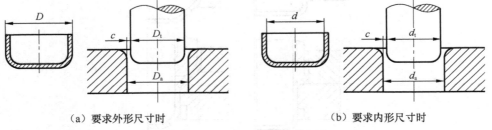

（a）要求外形尺寸时   （b）要求内形尺寸时

图 4-58　零件尺寸和模具工作尺寸

凹模工作平面和模腔表面要求加工为 $Ra0.8\mu m$；圆角和端面加工为 $Ra0.4\mu m$。

步骤五　设计拉深模压边装置的结构

拉深模用的压边圈常采用图 4-59 所示的形式，讨论其结构特点和适用场合。

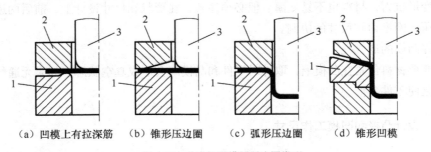

（a）凹模上有拉深筋　（b）锥形压边圈　（c）弧形压边圈　（d）锥形凹模

图 4-59　首次拉深模用压边圈类型

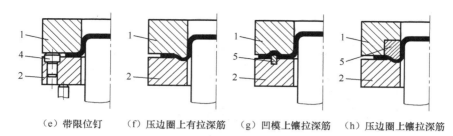

（e）带限位钉　　（f）压边圈上有拉深筋　　（g）凹模上镶拉深筋　　（h）压边圈上镶拉深筋

图 4-59　首次拉深模用压边圈类型（续）

1—凹模　2—压边圈　3—凸模　4—限位柱　5—压料筋

⌐ 提示 ∟

对于宽凸缘零件的拉深，为了减小毛坯和压边圈的接触面积，增大单位压边力，可采用图 4-59（a）、（b）所示形式。

对于毛坯相对厚度 $t/D \times 100 < 0.3$ 的拉深，当凸缘半径 r_d 很大或小凸缘零件，应采用弧形压边圈（见图 4-59（c））。锥面形洞口凹模采用图 4-59（d）所示的形式。

对于毛坯厚度较薄的宽凸缘件的拉深，为了保持压边力均衡和防止压边力过大，可采用图 4-59（e）所示带限位钉的结构形式。

对于锥面形、半球面形和大型覆盖零件的拉深，需要较大的压边力，多采用图 4-59（f）、（g）、（h）所示带拉深筋的压边圈。

⌐ 拓展 ∟

为保持压边圈和凹模圆角间的距离，常设置限位柱，如图 4-60 所示。

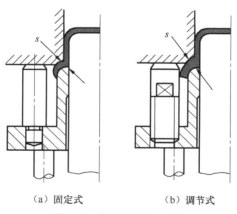

（a）固定式　　　　　　（b）调节式

图 4-60　有限位柱的压边圈

单动压力机上的拉深，常采用通用性强的弹性压边装置，它的弹性元件一般使用橡胶、弹簧和气垫（见图 4-61）。随着拉深深度的增加，凸缘变形区面积也不断减小，需要的压边力也应逐步减小。但是，橡胶和弹簧的压边装置所产生的压边力恰好与它相反，随拉深件高度增加而仍然增加，尤其是橡胶压边装置的这种现象更加严重。此情况最容易导致零件拉裂，一般橡胶和弹簧结构常用在中小型零件的拉深模上。气垫式压料装置提供的压料力基本上不随工作行程而变化。

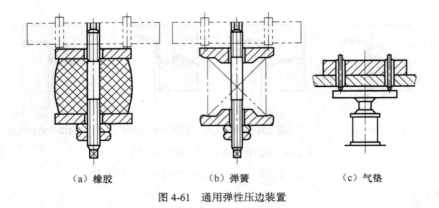

（a）橡胶　　　　　　（b）弹簧　　　　　　（c）气垫

图 4-61　通用弹性压边装置

项 目 训 练

小组研讨、总结学习体会，设计表 4-16 中拉深件的拉深凸模和凹模。

表 4-16 拉深凸模和凹模设计实训报告

班级_____ 姓名_____ 学号_____

对于图 4-62 所示零件图，试根据经验值讨论首次和后续拉深模工作零件的间隙值、圆角大小、工作尺寸等结构参数，并选择结构合适的压边装置。

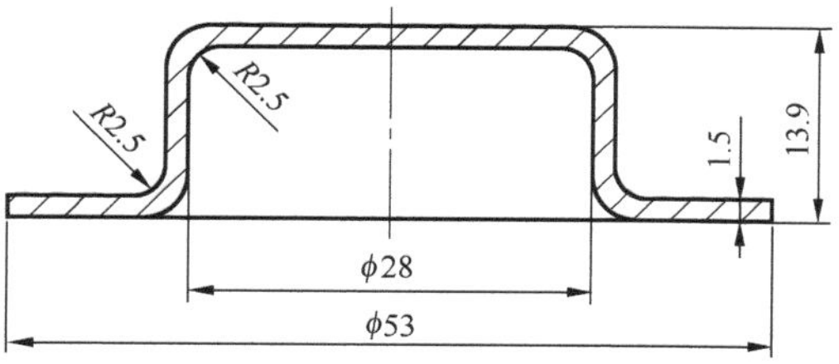

图 4-62 零件图

凸模和凹模之间的间隙	凹模深度	凸模圆角	凹模圆角

凸模草图	
凹模草图	
谈谈在本次学习活动中你的收获	

成形工艺与模具结构

本项目将学习的成形工序是除弯曲和拉深工艺以外的成形工序，如翻孔、翻边、胀形、缩口、扩口、旋压、校平、整形等冲压工序。本项目主要学习翻孔、翻边和胀形这 3 种常用工艺的成形工序和模具结构特点。

任务一　翻孔工艺与模具结构

=== 学习任务

通过学习翻孔工艺及翻孔模结构特点，分析表 5-2 中大圆孔翻孔模的结构特点和工作原理。

▶ 学习目标

- 掌握翻孔的变形特点；
- 具有翻孔制件工艺性的分析能力；
- 具有抽牙底孔的计算能力；
- 具有翻孔模结构分析能力；
- 具有圆孔翻孔模的工作零件设计能力。

▶ 设备及工具

- 翻孔制件（或翻孔制件图片）；
- 游标卡尺等测量工具；
- 典型翻孔模一副。

▶ 学习过程

步骤一　分析翻孔的变形特点

图 5-1 所示为翻孔制件，它是在预先打好孔的毛坯上，依靠材料的拉伸性能，沿一定的曲线翻成竖立凸缘的冲压而成。翻孔制件根据形状不同可以分为圆孔翻孔和异形孔翻孔，这里仅讨论圆孔翻孔。

图 5-1　翻孔制件

⌐ 讨论 ∟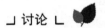

如图 5-2 所示，在坯料上画出距离相等的坐标网络（见图 5-2（a）），经翻孔变形后的网格变化如图 5-2（b）所示。比较变形前后的网格发现：直壁部分坐标网络由原来的扇形变成了矩形，说明金属沿切向伸长，越靠近孔口伸长越大。同心圆之间的距离变化不明显，即金属在径向变形很小。直壁部分的壁厚有所减小，尤其在孔口处更加明显。由此不难分析，翻孔时变形区是 d 和 D_1 之间的环形部分，坯料变形区受两向拉应力。

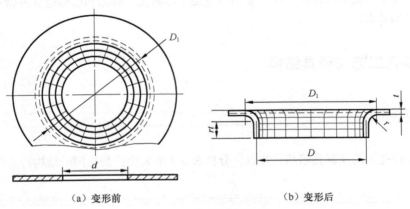

（a）变形前   （b）变形后

图 5-2　翻孔时的变形情况

步骤二　分析翻孔制件的工艺性

翻孔的孔口处部是危险带，非常容易出现拉裂缺陷。经验表明，拉裂的条件取决于变形程度的大小，变形程度以翻孔前孔径 d 与翻孔后孔径 D 的比值 K（翻孔系数）来表示，即

$$K = d/D \qquad (5-1)$$

其中：d——翻孔的底孔直径；

　　　D——翻孔后孔的直径。

K 值越小，则变形程度越大。翻孔时孔边不拉裂所能达到的最小 $K_{\min}$，称为极限系数。

⌐ 讨论 ∟

讨论影响翻孔制件工艺性的因素。

（1）材料性能

材料伸长率 δ 和断面收缩率 ψ 越高，翻孔系数 K 就越小，翻孔就越能获得较大的变形程度。

（2）毛坯断面状况

翻孔前冲孔的断面质量好，无撕裂、无毛刺时有利于翻孔成形，极限翻边系数就可以小一些。为了提高孔边的表面质量，可采用钻孔代替冲孔，或者在冲孔后采用整修方法，切掉冲孔时形成的表面硬化层和毛刺。另外，使翻孔的方向和冲孔时相反（即冲孔后孔壁断面毛刺朝向翻孔凸模），也能提高翻边的变形程度。

（3）材料的相对厚度

底孔直径和材料厚度的比值 d_1/t 越小，在断裂前材料的绝对伸长可以越大，所以翻边因数相应越小。

（4）凸模形状

球形、抛物面形或锥形的凸模比平底凸模对翻孔更加有利。因为前者在翻孔时，孔边是圆滑地逐渐胀开，所以极限翻孔因数可以小一些。

步骤三 计算抽牙底孔

依据变形前后料厚的变化情况，翻孔工序可以分为不变薄翻孔和变薄翻孔。其中，变薄翻孔常用于钣金制品的攻牙，即翻到一定高度后，在直壁上攻螺纹，再通过螺纹和其他零件进行连接。所以变薄翻孔也称为抽牙。

⌐ 经验 ∟

如图 5-3 所示，因为抽牙是变薄翻孔，所以它的预孔计算、凸凹模尺寸确定都比较复杂，可查阅表 5-1。

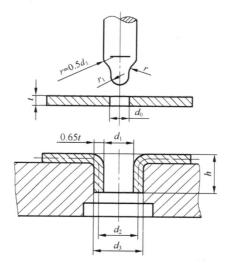

图 5-3 小螺纹底孔翻孔

表 5-1 抽牙底孔尺寸

螺 纹 直 径	t	d_0	d_1	d_3	h	r
M2	0.8	0.8	1.6	2.64	1.6	0.2
	1.0			2.9	2	0.4
M2.5	0.8	1.0	2.1	3.15	1.7	0.2
	1.0			3.4	2.1	0.4
M3	0.8	1.2	2.5	3.54	1.8	0.2
	1.0			3.8	2.2	0.4
	1.2			4.06	2.4	
	1.5			4.45	3	
M4	1.0	1.6	3.3	4.6	2.4	0.4
	1.2			4.86	2.8	
	1.5			5.25	3.3	
	2.0			5.9	4.2	0.6

步骤四　分析翻孔模结构特点及工作原理

拆装图 5-4 所示的小圆孔翻孔模，观察它的结构特点，并讨论它的工作原理。

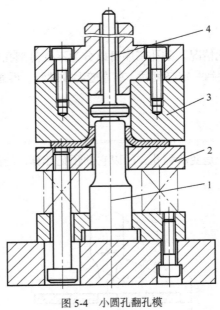

图 5-4　小圆孔翻孔模

1—凸模　2—压料扳　3—凹模　4—打料杆

⌐ 提示 ⌐

这副模具的结构和拉深模类似。压料扳 2、凸模 1 安装在下模上，而凹模 3 装在上模上，翻孔完成后的制件由打料杆 4 顶出。

步骤五　设计翻孔模工作零件

翻孔属于拉伸变形，它主要的变形缺陷是口部不平齐。凸模、凹模形状对翻孔变形程度和翻孔质量影响很大，凸模和凹模圆角半径越大，越有利于变形材料的流动，有利于变形的顺利进行。在老师的讲解下，理解翻孔模凸模、凹模的结构特点。

⌐ 讨论 ⌐

图 5-5 所示为几种常用的圆孔翻孔凸模，试讨论它们的结构特点。

图 5-5（a）所示为无预孔的圆孔翻孔（通常也叫做穿刺翻孔）凸模。它的凸模端部呈锥形，角度一般取 60°。凹模孔带台阶，以控制凸缘高度，避免直孔引起的边缘不平齐。

图 5-5（b）、（c）、（d）这 3 种凸模有光滑圆弧过渡，能确保翻孔质量，它们的变形质量以抛物线形凸模最好，球形次之，平底凸模再次之。通常，$D \leqslant 6$ 时选用抛物线形，$6 \leqslant D \leqslant 10$ 时选用球形，$D \geqslant 10$ 时选用平底凸模。

图 5-5（e）、（f）所示为端部带有定位部分的凸模。其中，图 5-5（e）用于圆孔直径为 10mm

以上的翻孔，图 5-5（f）用于圆孔直径为 10mm 以下的翻孔。

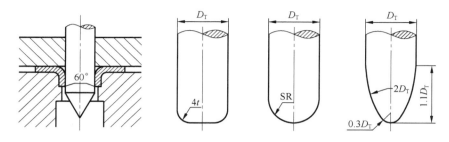

（a）穿刺翻孔凸模　　（b）圆角翻孔凸模　（c）球面翻孔凸模　（d）抛物线翻孔凸模

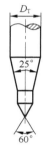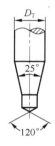

（e）60°定位翻孔凸模　　（f）120°定位翻孔凸模

图 5-5　圆孔翻孔凸模

通常，翻孔凹模圆角半径取等于零件的凸缘圆角半径。如图 5-6 所示，基本遵循下式：

$$t \leqslant 2, r_A = (2 \sim 4)t \tag{5-2}$$

$$t > 2, r_A = (1 \sim 2)t \tag{5-3}$$

工件凸缘圆角小于上值时应增加整形工序。

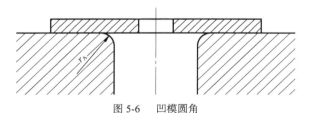

图 5-6　凹模圆角

项 目 训 练

小组研讨总结学习体会，分析表 5-2 中大圆孔翻孔模的结构特点和工作原理。

表 5-2 　　　　　　　　　　　　　大圆孔翻孔模分析实训报告

班级_____ 姓名_____ 学号_____

图 5-7 所示为翻孔模，试分析模具结构特点和工作原理。

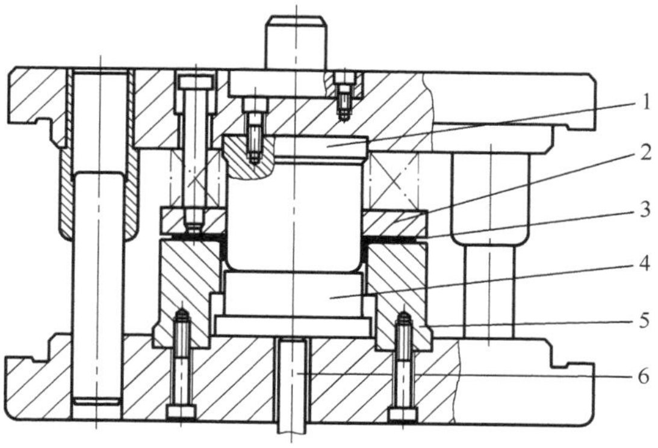

图 5-7　大圆孔翻孔模

填写零件名称	1_____　　2_____　　3_____　　4_____ 5_____　　6_____
简述该模具的结构特点	
简述该模具的工作原理	
谈谈在本次学习 活动中你的收获	

任务二 翻边工艺与模具结构

学习任务

通过学习翻边工艺及翻边模结构特点，分析表 5-3 中隔油片的冲孔落料翻孔翻边复合模结构特点和工作原理。

➤ 学习目标

- 掌握翻边变形的特点；
- 具有典型翻边模结构特点和工作原理的分析能力；
- 具有翻边模工作零件的设计能力。

➤ 设备及工具

- 翻边制件（或翻边制件图片）；
- 游标卡尺等测量工具；
- 典型翻边模一副。

➤ 学习过程

步骤一 分析翻边变形特点

如图 5-8 所示，常见的翻边形式有内凹翻边、外凸翻边、复合翻边和阶梯翻边，下面重点介绍内凹翻边和外凸翻边。

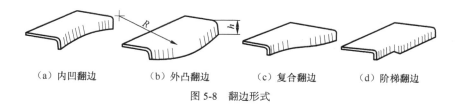

（a）内凹翻边　　　（b）外凸翻边　　　（c）复合翻边　　　（d）阶梯翻边

图 5-8　翻边形式

╝讲解╚

内凹翻边也称伸长类翻边，如图 5-9 所示，有沿不封闭内凹曲线进行的平面翻边（见图 5-9（a））和在曲面坯料上进行的翻边（见图 5-9（b））两种。它们的共同特点是坯料变形区主要在切向拉应力作用下产生切向的伸长变形，或者说是小半径变成大半径，边缘因为材料不够而容易导致拉裂。

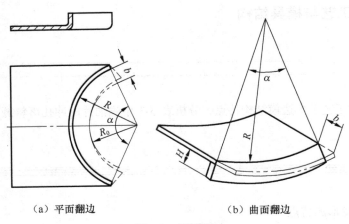

（a）平面翻边   （b）曲面翻边

图 5-9 内凹翻边

外凸翻边也称压缩类翻边，如图 5-10 所示，同样有平面翻边和曲面翻边。它们的共同特点是变形区主要是切向受压，在变形过程中由大半径变成小半径，边缘因为材料过多而容易导致起皱。

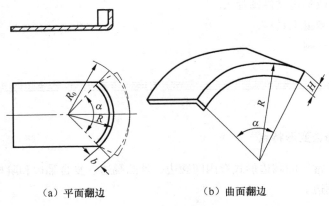

（a）平面翻边   （b）曲面翻边

图 5-10 外凸翻边

翻边的毛坯计算与毛坯外缘轮廓线性质密切相关，对于内凹翻边的制件，它的毛坯形状可以参考异形孔翻孔毛坯计算方法；对于外凸翻边的制件，它的毛坯形状可以参考非对称的浅拉深毛坯计算方法。

步骤二 分析翻边模的结构特点及工作原理

拆装图 5-11 所示的翻边模，观察它的结构特点，并讨论它的工作原理。

⌐ 讨论 ⌐

图 5-11 所示的模具用于圆筒形工件卷边成形前的翻边工序。坯料定位在定位销 5 上，上模下行时，凸模 4 下压坯料，顶板 6 下降，进入凹模 7，对坯料进行翻边。压力机滑块上升时，在弹顶器的作用下，顶板 6 回程。推杆 2、推板 3 把工件从凸模上顶下。

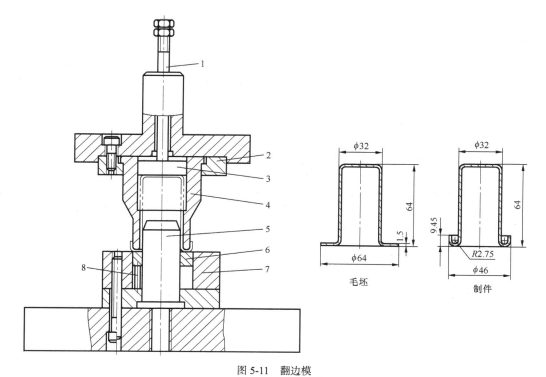

图 5-11　翻边模

1—推杆　2—固定板　3—推件板　4—凸模　5—定位销　6—顶板　7—凹模　8—卸料螺钉

⌐拓展⌐

图 5-12 所示为面板翻边模，坯料放在卸料板 4 上，由活动挡料销 3 定位；上模下行，凸模 2、凸模 14、凹模 5 对坯料进行外缘翻边。压力机滑块上升时，制件有可能包在凸模 2 上，也有可能卡在凹模 5 中。卸料板 4 在卸料橡胶 18 的作用下回程，能使制件脱离凸模 2；由打杆 12、推板 11、推杆 10、推件块 15 组成的推件装置能把制件从上模卸下。为防止压力机合模高度调试不准确而导致压薄板料，这副模具设置了限位套 19。

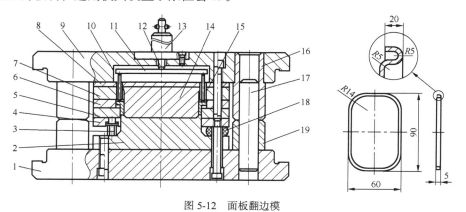

图 5-12　面板翻边模

1—下模座　2—凸模 I　3—活动挡料销　4—卸料板　5—凹模　6—中间板　7—凸模固定板

8—垫板　9—上模座　10—推杆　11—推板　12—打杆　13—模柄　14—凸模 II

15—推件块　16—导套　17—导柱　18—卸料橡胶　19—限位套

步骤三　分析翻边模工作零件的结构

通常，翻边模工作零件采用图 5-11 和图 5-12 所示的刚性凸模，也可以采用橡皮模成形，或在收缩机或模具上成形。用橡皮模成形对翻边没有压紧，所以，不产生拉深作用，而是使边缘产生有皱纹的弯曲，需要用手工修整去掉皱纹。图 5-13 所示为橡皮模内的各种翻边方法。为获得精确的零件，在制作翻边模时，还应考虑零件弹复的大小。

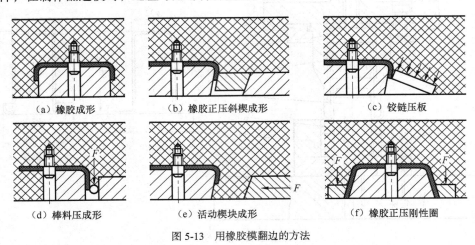

（a）橡胶成形　　　　　　（b）橡胶正压斜楔成形　　　　　　（c）铰链压板

（d）棒料压成形　　　　　　（e）活动楔块成形　　　　　　（f）橡胶正压刚性圈

图 5-13　用橡胶模翻边的方法

项 目 训 练

小组研讨、总结学习体会，分析表 5-3 中隔油片的冲孔落料翻孔翻边复合模结构特点。

表 5-3 　　　　　　　 **隔油片的冲孔落料翻孔翻边复合模结构分析实训报告**

班级_____　　姓名_____　　学号_____

图 5-14 所示为隔油片的冲孔落料翻孔翻边复合模。试写出它的工作零件名称，并简单叙述它的结构特点。

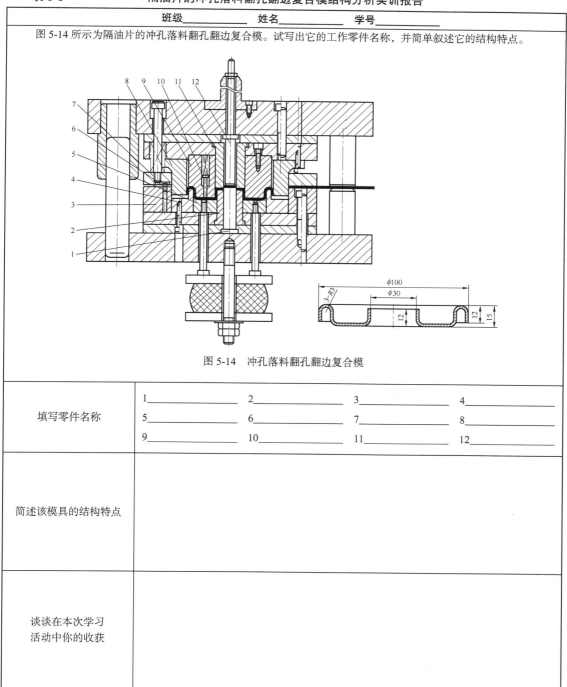

图 5-14　冲孔落料翻孔翻边复合模

填写零件名称	1_____　　2_____　　3_____　　4_____ 5_____　　6_____　　7_____　　8_____ 9_____　　10_____　　11_____　　12_____
简述该模具的结构特点	
谈谈在本次学习 活动中你的收获	

任务三　胀形工艺与模具结构

学习任务

通过学习胀形工艺及胀形模的结构特点，分析表 5-4 中罩盖零件胀形模的结构特点和工作原理。

▶ 学习目标

- 掌握胀形变形的特点；
- 具备胀形工艺设计能力；
- 具有典型胀形模的结构特点分析能力。

▶ 设备及工具

- 起伏制件（或起伏制件图片）；
- 胀形制件（或胀形制件图片）；
- 游标卡尺等测量工具；
- 典型胀形模一副。

▶ 学习过程

步骤一　分析胀形变形的特点

胀形是利用模具使板料拉伸变薄局部表面积增大以获得零件的加工方法。胀形主要分为平板坯料胀形（见图 5-15（a））和空心坯料胀形（见图 5-15（b））。

（a）平板坯料胀形　　　　（b）空心坯料胀形

图 5-15　胀形种类

图 5-16 所示是胀形时坯料的变形情况。由于坯料的外形尺寸较大，平面部分又被压料圈压住，所以坯料的变形区是图中的阴影部分。在凸模的作用下，变形区大部分材料受双向拉应力作用而变形。它的厚度变薄，表面积增大，形成一个凸起。

由于胀形变形区内金属处于双向受拉的应力状态，胀形变形区内金属不会产生失稳起皱，反而表面光滑、质量好。但是因为面积扩大主要是靠毛坯厚度变薄而获得，所以胀形时毛坯的厚度变薄是必然的。同时，由于变形区材料截面上拉应力沿厚度方向的分布比较均匀，所以卸载后的回弹很小，容易得到尺寸精度较高的零件。

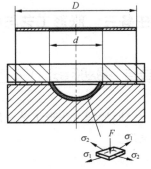

图 5-16　胀形变形区

步骤二　了解胀形工艺的特点

平板坯料胀形又称为局部胀形，也称为起伏成形。它主要用来改善零件的刚度、强度和美观程度，如压制加强筋、凸包、凹坑、花纹图案、标记等（见图 5-17），其应用非常广泛。它的变形程度，主要受到材料的性能、筋的几何形状、模具结构、润滑等因素的影响。

空心坯料的胀形俗称凸肚。它是使材料沿径向拉伸，胀出所需的凸起曲面，如壶嘴、皮带轮、波纹管、各种接头等。凸肚成形时，材料主要受到切向伸长变形，所以它的变形程度可以用下式表示：

$$K_p = \frac{d_{\max}}{d_0} \tag{5-4}$$

式中：d_0——圆柱空心毛坯直径尺寸（mm）；

$d_{\max}$——胀形后零件的最大直径（mm）。

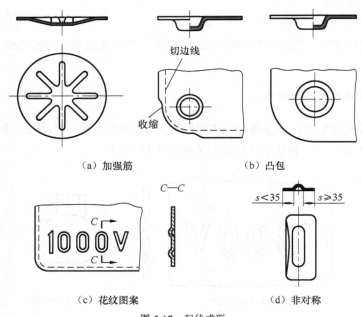

（a）加强筋　　　　　　　（b）凸包

（c）花纹图案　　　　　　（d）非对称

图 5-17　起伏成形

步骤三　分析胀形模的结构特点

局部胀形模的结构比较简单，这里仅通过拆装空心坯料的胀形模，来理解胀形模的结构特点。

图 5-18 所示为刚性凸模胀形，试讨论它的结构特点。

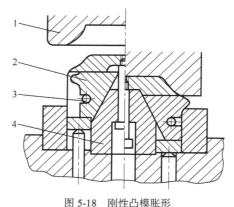

图 5-18　刚性凸模胀形

1—凹模　2—分瓣凸模　3—拉簧　4—锥形芯块顶杆

⌐ 讨论 ∟ 🍃

这副模具的凸模设计成分瓣式结构。上模下行时，由于锥形芯块顶杆 4 的作用，使分瓣凸模 2 向四周顶开，从而使坯料胀出所需的形状。上模回程时，分瓣凸模在锥形芯块顶杆 4 和拉簧 3 的作用下复位，便可取出工件。凸模分瓣数目越多，胀出工件的形状和表面质量越好。

⌐ 拓展 ∟ 🌿

图 5-18 所示胀形模的缺点是模具结构复杂、成本高，而且难以得到精度较高的复杂形状件。在实际应用中，常用柔性胀形模，结构如图 5-19 和图 5-20 所示。

图 5-19 所示为橡胶凸模胀形，它的原理是：橡胶 3 作为胀形凸模，胀形时，橡胶在柱塞 1 的压力作用下发生变形，从而使坯料沿凹模 2 内壁胀出所需的形状。橡胶胀形的模具结构简单，坯料变形均匀，能成形形状复杂的零件，所以在生产中广泛应用。

图 5-20 所示为液压胀形。液体 4 作为胀形凸模，上摸下行时斜楔 3 先使分块凹模 2 合拢，然后柱塞 1 的压力传给液体，凹模内的坯料在高压液体的作用下直径胀大，最终紧贴凹模内壁成形。液压成形可加工大型零件，零件表而质量较好。

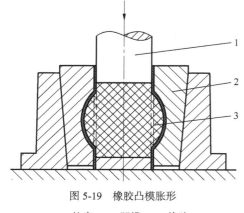

图 5-19　橡胶凸模胀形

1—柱塞　2—凹模　3—橡胶

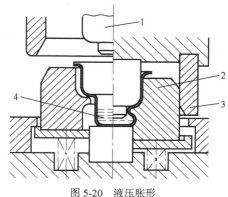

图 5-20　液压胀形

1—柱塞　2—凹模　3—斜楔　4—液体

步骤四　分析胀形模工作零件结构特点

平板坯料胀形模的工作零件结构比较简单，如图 5-21 所示。

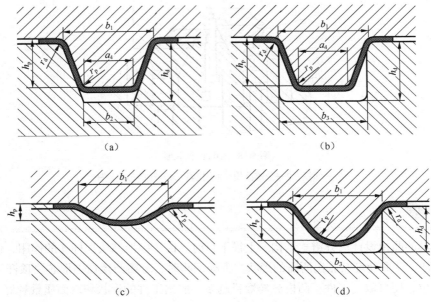

图 5-21　局部胀形模的工作零件结构

空心坯料胀形模的凹模一般采用钢、铸铁、锌基合金、环氧树脂等材料制造，它的结构有整体式和分块式两种。整体式凹模工作时，承受较大的压力，必须要有足够的强度。增加凹模强度的方法是采用加强筋，也可以在凹模外面套上模套，凹模和模套间采用过盈配合构成预应力组合凹模，这比单纯增加凹模壁厚度更有效。

分块式胀形凹模必须根据胀形零件的形状合理选择分模面，分块数应尽量少。在模具闭合状态下，分模面应紧密贴合，形成完整的凹模型腔。在拼缝处不应有间隙和不平。分模块用整体模套固紧，并采用圆锥面配合。它的锥角应小于自锁角，一般取 5°～10° 比较合适。为了防止模块之间错位，模块之间应有定位销连接。

目前用于胀形加工的橡胶材料有黑色橡胶（天然橡胶）和聚氨酯橡胶（人造橡胶）。前者使用寿命短，单位压力小，耐磨和耐油性能差，易老化。

橡胶胀形凸模的结构尺寸需合理设计。由于橡胶凸模一般在封闭状态下工作，它的形状和尺寸不仅要保证能顺利进入空心坯料，还要有利于压力的合理分布，使胀形的零件各部位都能很好地紧贴凹模型腔。

项 目 训 练

小组研讨总结学习体会，分析表 5-4 中罩盖零件胀形模的结构特点。

表 5-4 　　　　　　　　　　　　　罩盖零件胀形模结构分析实训报告

班级_____ 　 姓名_____ 　 学号_____

图 5-22 所示为罩盖零件胀形模。试写出它的工作零件名称，并简单叙述它的结构特点。

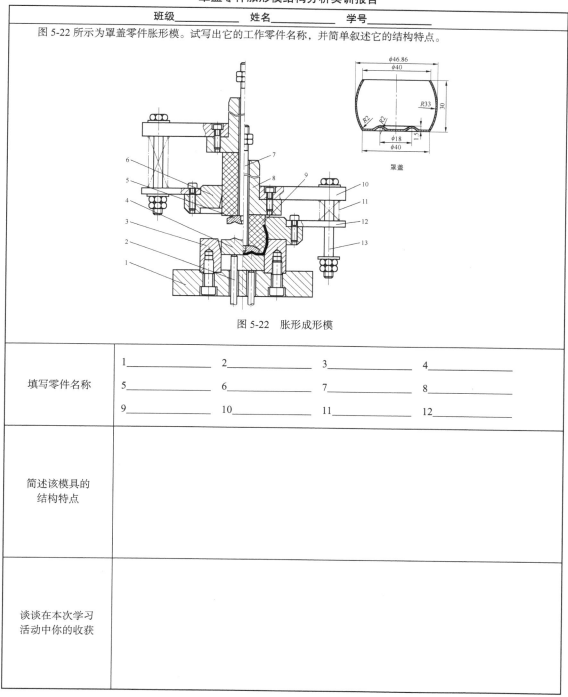

图 5-22 　胀形成形模

填写零件名称	1_____ 　　 2_____ 　　 3_____ 　　 4_____ 5_____ 　　 6_____ 　　 7_____ 　　 8_____ 9_____ 　　 10_____ 　　 11_____ 　　 12_____
简述该模具的 结构特点	
谈谈在本次学习 活动中你的收获	

项目六

多工位级进模结构

任务一 多工位级进模加工操作

 学习任务

实习多工位级进模加工操作（或观看级进模加工视频），小组研讨级进模生产特点、自动送料机构等，完成表 6-1 所示的实训报告。

➤ 学习目标

- 掌握多工位级进模的应用特点；
- 具有气动夹板式自动送料装置工作原理的分析能力；
- 掌握多工位级进模设计的基本步骤。

➤ 设备及工具

- 自动冲压车间（或级进模加工视频）；
- 气动夹板式自动送料装置一副。

➤ 学习过程

步骤一 参观自动冲压车间

在老师的带领下，参观自动冲压车间，观察多工位级进模的应用场合和加工特点（或观看教学课件中的级进模加工视频）。

多工位级进模是精密、高效、长寿命的模具。它适用于冲压小尺寸、薄料、形状复杂和大批量生产的冲压件。多工位级进模的工位数可高达几十个，它的模具能自动送料、自动检测出送料误差等。多工位级进模常用于高速冲压，因此生产效率非常高，并减少了手工送料的误差，减少了冲压设备和工人数量，具有较高的技术效益和经济效益。

⌐ 小结 ∟

和普通的冲模相比，多工位级进模具有如下特点。

① 在一副模具中能完成多道工序，减少了定位误差和搬运成本，因此成品率高，生产效率提高。

② 多工位精密级进模常具有高精度的内、外导向和精确的定位装置，能加工高精度制件。

③ 采用高速冲压设备生产，模具采用了自动送料、自动出件、安全检测等自动化装置，操作安全，避免事故的发生。

④ 由于级进模中工序分散，所以不存在复合模的"最小壁厚"局限，设计时还可根据模具强度和装配需要空位处理，保证模具的强度和装配空间。

⑤ 多工位级进模主要用来冲制薄板料、大批量、形状复杂、精度要求高的中、小型零件。

⑥ 结构复杂，模具制造精度要求高，增加了模具的零件加工、安装和调试的难度。

步骤二　分析自动送料机构工作原理

图 6-1 所示为自动送料冲压加工，在老师的指导下观察自动送料机构是如何把加工材料自动送到冲模的作业点上的。图 6-2 所示为气动夹板式送料装置外观，是近几年国内外迅速发展的一种送料装置。

图 6-1　自动送料冲压　　　　　　　　图 6-2　气动夹板式送料装置外观

⌐讲解⌐

气动夹板式送料装置有推式和拉式两种结构。其中常用的是推式送料装置，图 6-3 为它的气动原理图。

（1）送进动作过程（见图 6-3（a））

压缩气体经连接器进入送料器后分两路：一路向供气口左面使导向阀 5 上升并关闭排气口 I，同时进入电磁阀 6，电磁阀活塞在弹簧和气压的作用下下降，活塞上部的锥面关闭排气口 II。压缩空气同时经管路 G 进入推动阀活塞 9 的左面、固定夹紧缸活塞的下面、活动夹紧缸活塞的下面；另一路向供气口右面进入主气缸活塞 7 的右面、推动阀活塞 9 的右面、固定夹紧缸活塞的上面。由于固定夹紧缸活塞两面面积不等，又有弹簧的作用，以及活动夹紧缸上部和大气相通等原因，所以固定夹紧缸使固定夹板 2 打开，活动夹紧缸使移动夹板 3 夹紧。同理，推动阀活塞 9 向右移动到右止点，打开排气口 III，使主气缸活塞的左边和大气相通，然后主气缸活塞向左移动到左止点，即移动夹紧体 4 完成送进动作。

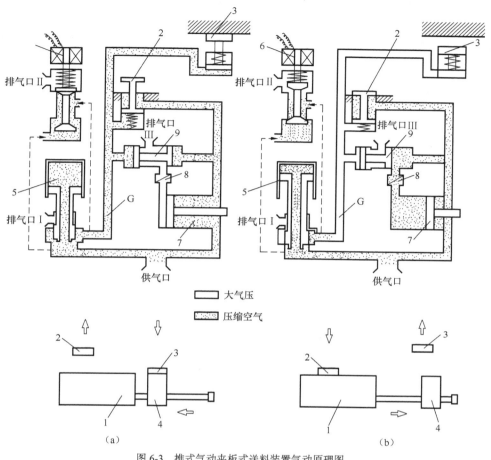

图 6-3 推式气动夹板式送料装置气动原理图

1—送料器体 2—固定夹板 3—移动夹板 4—移动加紧体 5—导向阀

6—电磁阀 7—主气缸 8—速度控制阀 9—推动阀活塞

（2）复位动作过程（见图 6-3（b））

在压力机滑块下降时，推杆推动导向阀 5，关闭管路 G，同时使管路 G 经排气口 Ⅰ 同大气相通。压缩空气进入送料器后同样分两路：一路向供气口左面直接进入电磁阀活塞的下部，推动电磁阀活塞上升，排气口 Ⅱ 打开；另一路向供气口右面进入主气缸活塞右面、推动阀活塞右面、固定夹紧缸活塞的上面。由于固定夹紧缸活塞下面、活动夹紧缸活塞下面都和大气相通，所以固定夹紧板因活塞上部压力的作用而夹紧，活动夹紧板在弹簧的作用下打开。同理，推动阀活塞向左移动到左止点，关闭排气口 Ⅲ，压缩空气经速度控制阀 8 进入主气缸左边，因速度控制阀的作用，主气缸活塞向右移动到右止点，即移动夹紧体复位，完成一个循环的送料。

步骤三 讨论多工位级进模的设计步骤

多工位级进模的设计和普通冲模设计一样，都必须首先进行零件工艺分析和冲压工艺设计。但对于多工位级进模，由于分离工序和成形工序中许多冲压性质不同的工序，都包含在同一副模具中，因而多工位级进模的设计和普通冲模的设计有很大的不同，要求也高得多。例如，在冲压工业设计时，必须得到试制或小批量生产的技术数据或工序排样，必要时还要借助简易模或手工进行工艺验证，以获得较准确的零件展开形状和尺寸、工序性质、数量、顺序、工序件尺寸等。这是多工位冲压条料排样设计的重要依据。而多工位级进模排样设计是多工位级进模设计的关键。排样设计之后即进行凸模、凹模、凸模固定板、垫板、卸料装置、导料、定距等零部件的结构设计。最后绘制总图和零件图，并提出使用维护的说明。

项 目 训 练

小组研讨、总结学习体会，完成表 6-1 所示的实训报告。

表 6-1　　　　　　　　　　　级进模加工操作实训报告

班级_____ 姓名_____ 学号_____	
简单描述多工位级进模的特点和应用场合	
查阅相关资料，试叙述拆卸多工位级进模的工艺流程	
利用 Internet 或在图书馆查阅各种自动送料装置的结构特点和工作原理	
谈谈在本次学习活动中你的收获	

任务二 分析多工位级进模的排样

学习任务

通过学习多工位级进模排样特点，分析表6-2中排样图的工位和原理。

▶ 学习目标

- 掌握排样的基本原则；
- 掌握带料的载体形式和不同的应用场合；
- 能看懂排样的工位布置。

▶ 设备及工具

- 5种载体的排样料带（或排样料带图片）。

▶ 学习过程

步骤一 分析排样的基本原则

排样是多工位级进模的关键。排样图的优化与否，不仅关系到材料的利用率、制件的精度、模具制造的难易程度、使用寿命等，而且直接关系到模具各工位加工的协调和稳定。

排样图可以决定如下内容。

① 模具的工位数和各工位内容。

② 制件各工序的安排和先后顺序，工件的排列方式。

③ 模具的送料步距，条料的宽度，材料的利用率。

④ 导料方式，弹顶器的设置，导正销的安排。

⑤ 模具的基本结构。

」拓展 L

确定排样图时，首先要根据冲压件图样计算出展开尺寸，然后进行各种方式的排样。完整的排样图应包括工位的布置、载体类型的选择和相应尺寸的确定。工位的布置应包括冲裁工位、弯曲工位、拉深工位、空工位等内容。

多工位级进模的排样，除了遵循普通级进模的排样原则外，还应考虑如下原则。

① 在排样图的开始端安排冲孔、切口、切废料等分离工序，然后向另一端依次安排成形工位，最后安排制件和载体分离。在安排工位时，应尽量避免冲小半孔，以防凸模受力不均而折断。

② 第 1 工位一般安排冲孔和充工艺导正孔。第 2 工位设置导正销对带料，在以后的工位中，视其工位数和易发生串动的工位设置导正销，也可以在以后的工位中每隔 2～3 个工位设置导正销。第 3 工位根据冲压条料的定位精度，可以设置送料步距的误送检测装置。

③ 冲压件上孔的数量较多，当孔的位置太近时，可分布在不同工位上冲出孔，但孔不能因后续成形工序的影响而变形。对相对位置精度有较高要求的多孔，应考虑同步冲出，因模具强度的限制不能同步冲出时，后续冲孔应采取保证孔相对位置精度要求的措施。复杂的型孔，可分解成若干简单型孔分步冲出。

④ 为提高凹模镶块、卸料板和固定板的强度，并保证各成形零件安装位置不发生干涉，可在排样中设置空工位。

⑤ 成形方向的选择要有利于模具的设计和制造，有利于送料的顺畅。如果有不同于冲床滑块冲程方向的冲压成形动作，可采用斜滑块、杠杆、摆块等机构转换成形方向。

⑥ 对弯曲和拉深成形件，每一工位变形程度不宜过大，变形程度较大的冲压件可分几次成形。这样既有利于质量的保证，也有利于模具的调试修整。对精度要求较高的成形件，应设置整形工位。

⑦ 为避免 U 形弯曲件变形区材料的弯裂，应考虑先完成 45° 弯曲，再完成 90° 弯曲。

⑧ 在级进模拉深排样中，可应用拉深前切口、切槽等技术，以便材料的流动。

⑨ 压筋一般安排在冲孔前，在凸包的中央有孔时，可先冲一小孔，压凸后再冲至要求的孔径，这样有利于材料的流动。

⑩ 当级进成型工位数不多，制件的精度要求较高时，可采用压回条料的技术，即将凸模切入料厚的 20%～35% 后，模具中的机构把被切制件反向压入条料，再送到下一工位，但不能将制件在完全脱离带料以后再压入。

步骤二　分析 5 种载体排样

多工位精密级进模的排样，根据载体（也叫做连接带）的形式可以分为无载体排样、边料载体排样、单载体排样、双边载体排样和中间载体排样等 5 种类型（见图 6-4）。

┘ 讨论 ┕

① 无载体排样属于无废排样，零件外形往往具有对称性和互补性，通常采用切断的方法把制件从条料上分离，如图 6-4（a）所示。

② 边料载体排样是利用条料搭边废料作为载体的一种形式。这种载体传送条料刚性好、省料、简单、产品易收集，为了提高材料利用率，连接带可取小一些，如图 6-4（b）所示。

③ 单边载体排样是在产品条料的一侧留出一定宽度的材料，并在适当位置和产品相连接，实现对产品条料的送进，一般适合切边型排样，如图 6-4（c）所示。

④ 双边载体排样是在产品条料的两侧分别留出一定宽度的材料，并在适当位置和产品两边相连接，实现对产品条料的送进。它比单边载体排样送进更顺利，料带定位精度更高，适合产品两端都有接口可连，特别适合送进强度较弱的薄板料。但是，其相对材料利用率较低，而且通常需要采用双边导正，如图 6-4（d）所示。

⑤ 中间载体排样和单载体排样相似，是在产品条料中间留出一定宽度的材料，并和产品前后两边相连，材料利用率较高，如图 6-4（e）所示。

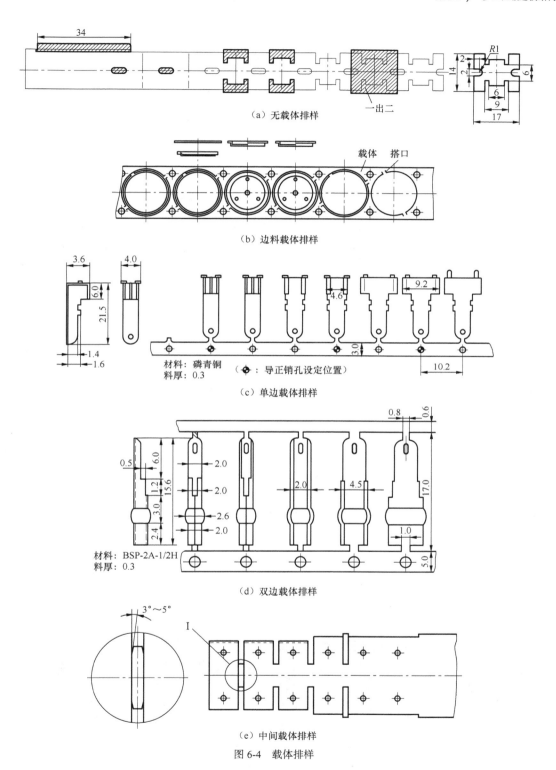

（a）无载体排样

一出二

（b）边料载体排样

载体　搭口

（c）单边载体排样

材料：磷青铜
料厚：0.3

（◆：导正销孔设定位置）

（d）双边载体排样

材料：BSP-2A-1/2H
料厚：0.3

（e）中间载体排样

图 6-4　载体排样

步骤三　分析排样实例

图 6-5 所示为 16 引脚引线框连续冲压排样图，试讨论各工位的作用和排样设计的原理。

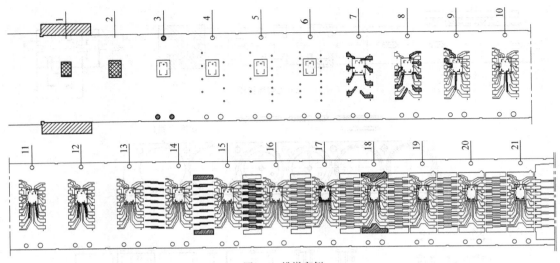

图6-5 排样实例

⌐ 讨论 ∟ 🍃

引线框是集成电路芯片中的关键性金属组件。随着信息技术的发展，它的引脚形状更加复杂，尺寸更加精密，产量更大，并且冲压之后还有塑封、金线黏着、装配等工序，导致冲压加工工艺非常复杂。

（1）工艺分析

图6-6所示为16脚引线框零件图，它的材料为194铜合金，厚度为（0.25±0.01）mm。内引脚形状细微且复杂，最小尺寸仅有0.25mm，前端要求高平面度，以保证单晶硅片安放的准确和金线黏着，因此必须进行压印。内引脚间隔要求保持正确且均匀，所以压印工序应安排在引脚冲裁之前，内引脚冲裁安排在外引脚之前，并且冲压加工中设计调整站，以抑制冲压加工时引脚位置的偏移。

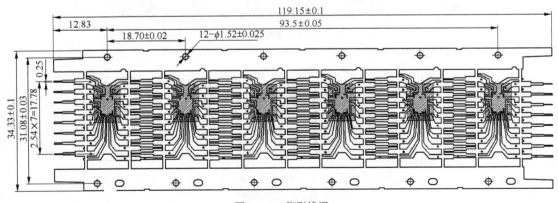

图6-6 16脚引线框

为保证后续塑封、装配精度和生产效率，6个为一组骨架框，每个引线框的相对位置误差控制在±0.02mm以内。同时，为保证后续工序输送和金线黏着时的稳定、顺畅，一组骨架框也有较高的平面度要求。所以，冲切引脚时需要考虑采用压料板强压抑制翘曲。另外，板材冲压之前必须进行应力消除。

每个引线框上有 16 个塑封固定孔，它的尺寸精度要求不高，但是直径仅有 0.3mm，属于极限冲压小孔，模具设计时必须对小孔凸模采取保护措施。因引脚形状复杂，往往由多个凸模交接冲裁，而"接刀"处最容易产生"跳屑"而导致引线框表面频繁出现"压痕"现象，这是引线框冲压的常见弊病，直接影响成品率的提高，模具设计时必须严格控制。

（2）排样设计

图 6-5 所示的排样图采用双边载体，在条料上冲裁废料而获得制件外形。模具采用自动送料机构送料，靠侧刃定距实现初始定位，虽然材料利用率下降，但能很好地控制条料宽度，采用导正销导正精定位。内引脚分步冲裁首先要保证分解的形状简单和对称，使它受力均匀而且容易加工；多个镶块组合在同一个工位时，要保证相互之间的安全距离，而且同一个工位内的受力应该尽量对称；适当安排空站，这样虽然增加了模具规模，但能避免不必要的干涉，也给模具设计变更预留了空间。

模具共有 21 个工位：1. 冲侧刃，压印；2. 压印；3. 冲导正孔、工艺孔；4、5. 分步冲 16 个塑封固定孔；6、16. 空位；7～18 分步冲裁；19、20. 调整；21. 计数切断。

项 目 训 练

小组研讨、总结学习体会，分析表 6-2 中排样图的工位和原理。

表 6-2　　　　　　　　　　多工位级进模排样图分析实训报告

班级_____ 姓名_____ 学号_____

分析图 6-7 所示的排样图，讨论它的工位和原理。

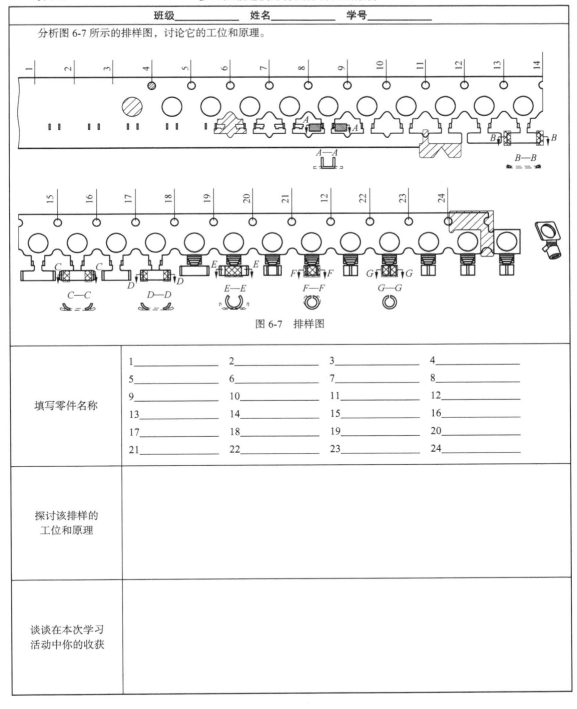

图 6-7　排样图

填写零件名称	1_____ 2_____ 3_____ 4_____ 5_____ 6_____ 7_____ 8_____ 9_____ 10_____ 11_____ 12_____ 13_____ 14_____ 15_____ 16_____ 17_____ 18_____ 19_____ 20_____ 21_____ 22_____ 23_____ 24_____
探讨该排样的 工位和原理	
谈谈在本次学习 活动中你的收获	

任务三 分析多工位级进模的结构

学习任务

学多工位级进模结构特点，分析表 6-3 中多工位级进模的结构特点。

▶ 学习目标

- 掌握多工位级进模的结构特点；
- 掌握多工位级进模支撑和导向、凸模、凹模、导料、导正、卸料等装置的形式和安装方法。

▶ 设备及工具

- 多工位级进模一套（或多工位级进模图纸）；
- 支撑和导向、凸模、凹模、导料、导正、卸料等装置的标准件；
- 拆卸工具一套。

▶ 学习过程

步骤一 分析多工位级进模的结构特点

在老师的指导下，拆卸图 6-8 所示的多工位级进模，分析它的结构特点。

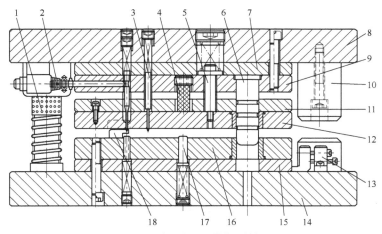

图 6-8 多工位级进模典型结构

1—外导组件 2—送料探误组件 3—导正组件 4—减震橡胶 5—卸料组件 6—内导组件

7—上垫板 8—上模座 9—凸模固定板 10—限位柱 11—卸料背板 12—卸料板

13—调整机构 14—下模座 15—下垫板 16—凹模固定板 17—浮料销 18—导料板

┘讨论┗

这副模具的结构特点如下。

（1）支撑和导向

模具结构如图 6-8 所示。该产品尺寸精度和定位要求都非常高，为保证模具的稳定性，采用自制 45 钢模架，上下模导向采用滚柱型外导组件 1。同时，因产品批量大，模具寿命要求长，外导柱选用了可拆卸结构，导套采用 MISUMI 专用的 LOCTITE（厌氧性树脂）黏结固定，以降低孔的加工难度，提高装配的可靠性。凸模固定板 9、卸料板 12 和凹模固定板 16 的相对定位由内导组件 6 保证。

（2）导料和定位

这副模具是卷料供料，模内用导料板 18 导料，送料粗定距依靠模外自动送料装置和模内的侧刃结构。精定位由导正组件 3 完成，从第 4 工位开始，每隔一个工位导正一次，它的定位积累误差可控制在 0.02mm 以内，当送料出现错误，送料探误组件 2 的探误针没有正常插入下端的浮顶销孔内，探误针上浮推动关联销启动微动开关，控制压力机急停。模具合模一次冲裁完成后，条料由浮料销 17 托离凹模表面，实现顺利送进。

（3）压料和卸料

模具压料和卸料弹力由卸料组件 5 提供，调节上端的堵头螺塞可以调节弹簧的预压力，从而实现压料力的平衡调节。同时，为提高压料和卸料的可靠性，减少噪声而设置了减震橡胶 4。卸料板上必须开出容料槽，既能为防止工作时因压力过大而导致条料严重压薄，又避免初始送料时模具后端无条料而引起的不平衡。需要强压料的工位，可以使卸料镶块高出卸料板一定的高度。模具合模高度由限位柱 10 控制，为了操作方便，下限位柱的高度和下模的高度一致。

步骤二　分析多工位级进模的结构要求

（1）支撑和导向

多工位级进模要求模架刚度好、精度高，因此，除了小型模具可采用双导柱模架外，多采用四导柱模架。精密级进模一般采用滚珠导向模架，而且卸料板一般采用有导向的弹压导板结构。上模座、下模座的材料除小型模具使用 HT200 外，多使用铸钢或锻钢或厚钢板（45 钢甚至合金钢）。

┘拓展┗

图 6-9 所示为 Face 标准中常用的导向组件，它与国标导向装置一样分为滑动型和滚动型。滑动型有油润滑方式（见图（a），带有注油嘴）和自润滑方式（见图（b），导套中有填满炭粉的润滑槽）。滚动型导向组件根据钢球保持圈的材质可以分为铝合金（见图（c））和树脂（见图（d））两种。按安装方法分类，Face 标准中有压入式（即过盈配合，见图（d））、装卸型（见图（a）、（b）、（c））和独立导向组件（即用螺钉、销钉和模座连接固定，见图（e））3 种方式。导套可以采用压入、黏结、螺钉连接等方法。

（2）凸模

在一副多工位级进模中，凸模种类一般都比较多，截面有圆形的和异形的，还有冲裁和成型用凸模，其大小和长短各异，有不少是细长凸模。又由于工位多，凸模安装空间受到一定的限制等，所以多工位级进模凸模的固定方法常用挂台固定、螺钉固定和压板固定等方法。

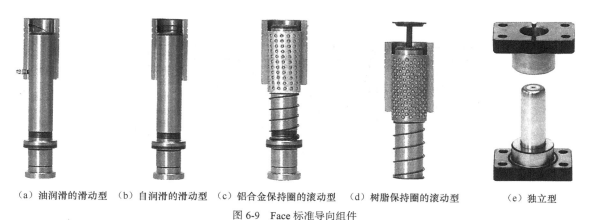

（a）油润滑的滑动型　（b）自润滑的滑动型　（c）铝合金保持圈的滚动型　（d）树脂保持圈的滚动型　　（e）独立型

图 6-9　Face 标准导向组件

」讲解 ∟

图 6-10（a）、（b）所示为最基本的挂台式固定方法，这种方法加工简单、装配可靠。图 6-10（c）所示的凸模工作部分截面是非圆形，而固定部分是圆形的，所以必须在固定端接缝处加防转销，当然也可以采用图 6-10（e）所示的挂台磨削一个防转平面。这 3 种方法应用非常广泛，但是一旦要修磨（更换）凸模，必须要把上模拆开。如果不拆开上模即能修理（更换）凸模，可以采用图 6-10（d）所示的方法，上端用压杆压住，再用螺塞拧紧。图 6-10（e）这种方式和图 6-10（d）相似，不同的是把压杆更换为弹簧，一旦凸模所承受的力超过了弹簧预压力，弹簧被压凸模上升，实现保护凸模的目的。图 6-10（f）、（g）所示为典型的挂耳固定方式，因为它们的工作部分截面形状是异形的，加工挂台非常复杂，所以选择在某个直线段加工一个挂耳来代替挂台，这种方法在复杂模具中应用非常广泛。

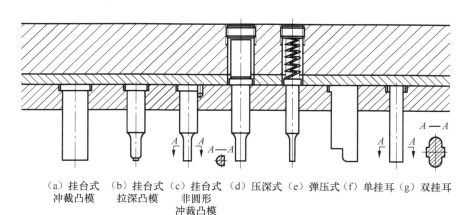

（a）挂台式　（b）挂台式　（c）挂台式　（d）压深式　（e）弹压式　（f）单挂耳　（g）双挂耳
冲裁凸模　　拉深凸模　非圆形
　　　　　　　　　　冲裁凸模

图 6-10　挂台（耳）固定

图 6-11（a）所示采用的是面定位、螺钉固定的方法；如果凸模截面比较大，可以采用图 6-11（b）所示的方法，可节约材料，降低加工成本，简化装配；图 6-11（c）所示的方法应用于模具空间允许的情况下；图 6-11（d）所示的方法多用在级进模的最后把废料切断的工序中。

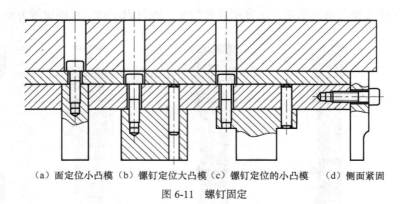

（a）面定位小凸模　（b）镙钉定位大凸模　（c）镙钉定位的小凸模　（d）侧面紧固

图 6-11　螺钉固定

图 6-12（a）所示采用的是面定位、间隙配合、反面压板固定的方法。这种加工方法比较简单，只需在凸模中部磨出一道沟槽，并且方便修模拆卸。值得注意的是，在卸料板（或卸料板背板）的上表面需要加工螺钉、压板的让位孔，为防止凸模从下方拔不出，所以在垫板和上模座留有顶出孔。图 6-12（b）所示采用的是压块固定方法，它的原理和图 6-12（a）相似，但是不需要在卸料板（或卸料板背板）的上表面加工让位孔。为拔出方便，在压块的螺钉过孔中加工螺纹，也就是假设螺钉采用 M4，则过孔可以加工 M5，拆卸时先拧出 M4 的螺钉，然后拧入 M5 的螺钉把它拔出。图 6-12（c）所示采用的是斜面压块固定方法，定位基准在左边。

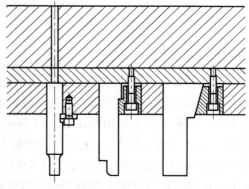

（a）压板固定　（b）压块固定　（c）斜面压块固定

图 6-12　压板（块）固定法

（3）凹模

除了工步较少，或纯冲裁的、精度要求不高的级进模的凹模是整体式的以外，较多的级进模凹模都是镶拼式的结构，这样便于加工、装配、调整和维修，易保证凹模几何精度和步距精度。

┛讲解┗

镶拼式凹模实际上就是把凹模镶块"种"在凹模固定板中，它的定位往往采用面定位，常用的固定方法如图 6-13 所示。图（a）所示为挂台（耳）式固定，利用面定位；图（b）所示为过盈配合固定，这两种方式应用非常广泛，但是如果更换就必须把下模拆开；图（c）所示为螺钉反吊法，拆卸时可以从下向上敲出；图（d）所示为螺钉正吊法，螺钉过孔中攻有螺纹供拆卸时拔出；图（e）所示为压板压紧固定，这种方法在应用时要注意压板要让开送料空间；图（f）所示为利用导料板代替压板，相对图（e）这种方法既节约了制造成本，也不影响送料；图（g）、（h）所示为压块压紧固定。后面的 4 种固定方法，为了拆卸方便，应当如图中所示在适当的位置安排顶出孔。注意，图 6-13 中凹模镶块都没有把刃口或形腔绘出。

（4）导料装置

多工位级进冲压要求条料在送进过程中无任何阻碍。因此，在完成一次冲压行程之后，条料必须浮顶到一定高度，以便下一次无阻碍送料。这不仅对含有弯曲、拉深、成形等工步的多工位级进模是必要的，对纯冲裁的级进模也是必要的，因为需要防止毛刺阻碍顺利送进。

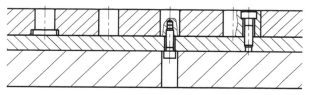

（a）挂台式（b）过盈配合固定（c）镙钉反吊法（d）镙钉正吊法

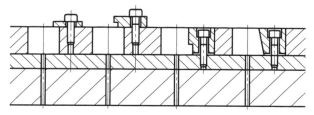

（e）压板压紧固定 （f）导料板压紧法 （g）压块压紧法 （h）斜面压块压紧法

图 6-13　镶拼式凹模固定方式

完整的多工位级进模导料系统应包括导料板、浮顶器（或浮动导料销）、承料板、侧压装置、除尘装置和检测装置。

① 带台导料板和浮顶器配合使用的导料装置如图 6-14（a）所示。很明显，多工位级进模采用带台式导料板是为了在浮顶器的弹顶作用下，条料仍保持在导料板内运动。但在导正销装在两侧进行导正的级进模中，台阶必须做出让位口（见图 6-14（b））。

在图 6-14（a）中，H_0 为条料最大允许浮升高度，H_0' 为条料实际浮升高度，h_0 为工件最大成形高度。显然 H_0' 应比 h_0 大 1～5mm，条料才能顺利地送进。

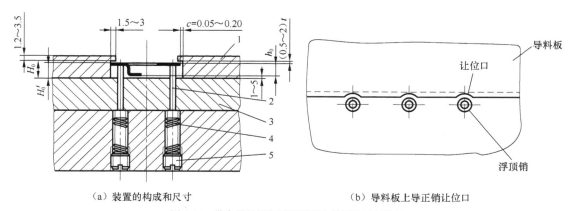

（a）装置的构成和尺寸　　　　　　　　　　　（b）导料板上导正销让位口

图 6-14　带台导料板和浮顶器配合使用的导料装置

1—带台式导料板　2—浮顶销　3—凹模　4—弹簧　5—平端紧定螺钉

浮顶销的种类如图 6-15 所示。其中图 6-15（a）、（b）、（c）是圆柱形的，图 6-15（a）为细小浮顶销，图 6-15（b）、（c）为较大直径的浮顶销，而图 6-15（d）为套式浮顶销。另外，还有块式浮顶器，它的工作原理如图 6-15（e）所示。由图可见，套式浮顶器使导正销得到保护。浮顶器一般应偶数左右对称布置，且在送料方向上间距不宜太大。条料较宽时，应在条料中间适当位置增加浮顶器。另外，应避免在不连续面上设置浮顶器。

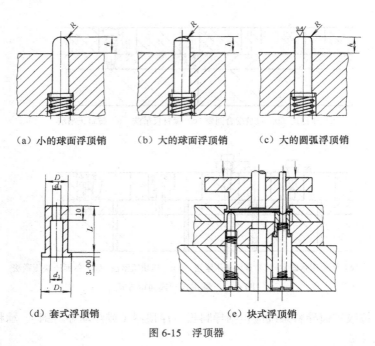

（a）小的球面浮顶销　　（b）大的球面浮顶销　　（c）大的圆弧浮顶销

（d）套式浮顶销　　　　　　（e）块式浮顶销

图 6-15　浮顶器

② 带槽浮动导料销的导料装置如图 6-16（a）所示，它既起导料作用又起浮顶条料的作用。这是常用的结构形式，尤其运用于在模具全部或局部长度上不适合安装导料板的情况。

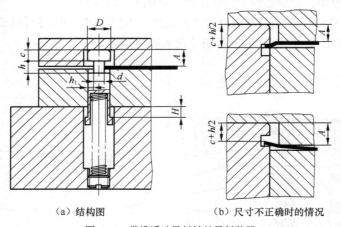

（a）结构图　　　　　　（b）尺寸不正确时的情况

图 6-16　带槽浮动导料销的导料装置

为了使这种装置能顺利地进行条料的送进和导向，它的结构尺寸应按下列各式计算：

$$h = t + (0.6 \sim 1.0)\text{mm}（h \text{ 不小于 } 1.5\text{mm}）$$
$$c = (1.5 \sim 3.0)\text{mm}$$
$$A = c + (0.3 \sim 0.5)\text{mm}$$
$$H = h_0 + (1.3 \sim 3.5)\text{mm}$$
$$H_1 = (3 \sim 5)t$$

或
$$d = D - (6 \sim 10)t$$

如果结构尺寸不正确，则在卸料板压料时将产生图 6-16（b）所示的问题，即条料边缘产生变形，这是不允许的。

⌐ 拓展 ∟ 🌿

由于带导向槽浮动导料销和条料接触是点接触，间断性导料，因此不适合用作断续的条料导向。在实际生产中，使用浮动导轨式的导料装置，如图 6-17 所示。

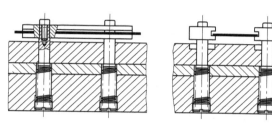

图 6-17 浮动导轨式的导料装置

（5）导正装置

项目二中主要学习了安装在凸模上的导正销。多工位级进模中经常使用独立的导正销，它与自动送料装置配合使用，结构形式如图 6-18 所示。图 6-18（a）与凸模的固定方法是一样的；图 6-18（b）中的导正销带有弹压卸料块，可防止导正销把板料带上；图 6-18（c）为浮动式导正销，可防止因误送料而导致导正销折断；图 6-18（d）实际上和图 6-18（a）相同，但更换方便。

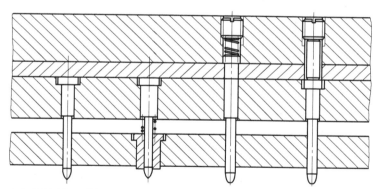

（a）带台固定导正销 （b）滚动式导正销 （c）浮动式导正销 （d）压紧式导正销

图 6-18 导正销的结构形式

（6）卸料装置

如图 6-19 所示，多工位级进模一般采用弹压卸料，极少用固定卸料。卸料板一般装有导向装置，精密模具还用滚珠导向。为保证卸料平稳，卸料力较大，因而弹性元件多用强力弹簧和聚氨酯橡胶。卸料板一般用镶拼结构以保证孔精度、孔距精度和凸模的配合间隙。卸料板用螺钉销钉紧固在卸料板座上。

⌐ 拓展 ∟ 🌿

国标的卸料螺钉有如图 6-20（a）、（b）、（c）所示的 3 种形式，图 6-20（a）为圆柱头卸料螺钉，图 6-20（b）为圆柱头内六角卸料螺钉，图 6-20（c）为定距套件。其中圆柱头内六角卸料螺钉应用最广泛，定距套件通常应用在大型、精密模具中。为保证卸料板压料、卸料的平稳，同一副模具的卸料螺钉尺寸 L 要求相等。另外，Face 标准还有图 6-20（d）所示的卸料螺钉，它能避免卸料板因螺纹失效而导致报废或重修。

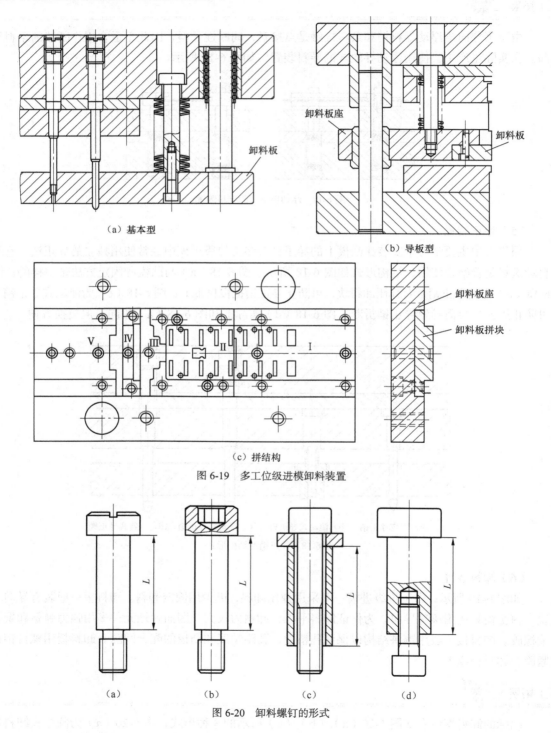

（a）基本型

（b）导板型

卸料板座
卸料板

卸料板座
卸料板拼块

（c）拼结构

图 6-19　多工位级进模卸料装置

（a）　　　（b）　　　（c）　　　（d）

图 6-20　卸料螺钉的形式

（7）保护装置

对于带自动送料装置的多工位级进模，应采用自动检测保护装置，监察整个冲压过程中模具或条料发生的各种故障，并使压力机自动停止运转。

常用的自动检测保护装置主要有：对原材料的检测，当原材料厚度或宽度超差，纵向或横向弯曲以及条料用完时发出信号；对条料误进给的检测，当条料未达到指定位置时发出信号；对出件的检测，当冲件或废料未自动排出或料斗装满时发出信号。

在模具中常用的自动检测方法，是用接触销对导正孔检测条料是否已送到位。图 6-21 所示为这种接触式传感方式的检测装置。这种装置用接触销同被检测物接触，而微动开关同压力机控制电路组成回路。接触销类似导正销，和导正孔之间有一定的间隙。当条料未送到位，接触销退回，通过微动开关启动紧急停止装置。一副模具可设置一个或几个误进给检测销钉。这种接触式的检测装置，通过机械方式，靠微动开关控制紧急停止的回路，反应较慢，不能用于高速冲床。

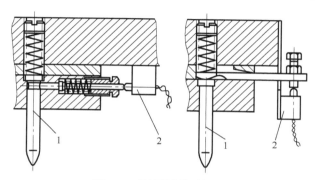

图 6-21 条料误送检测装置

1—导正销 2—感应装置

┘ 拓展 └

图 6-22 所示为对整个冲压过程进行自动检测的控制方框图。从图中可以清楚地看出需要检测的内容和各个检测装置在系统中设置的部位。

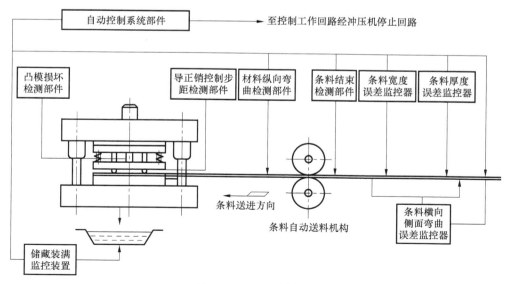

图 6-22 检测控制方框图

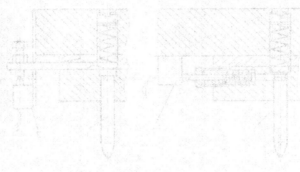

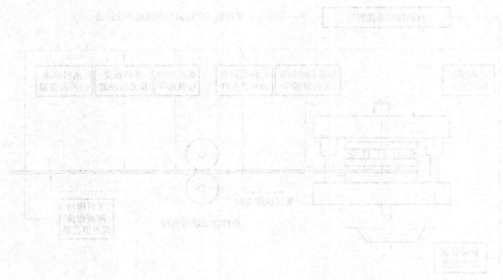

项 目 训 练

小组研讨、总结学习体会，分析表 6-3 中多工位级进模的结构特点。

表 6-3 　　　　　　　　　　多工位级进模结构分析实训报告

| 班级_____ | 姓名_____ | 学号_____ |

在老师的指导下，分析图 6-23 所示多工位级进模的结构特点。

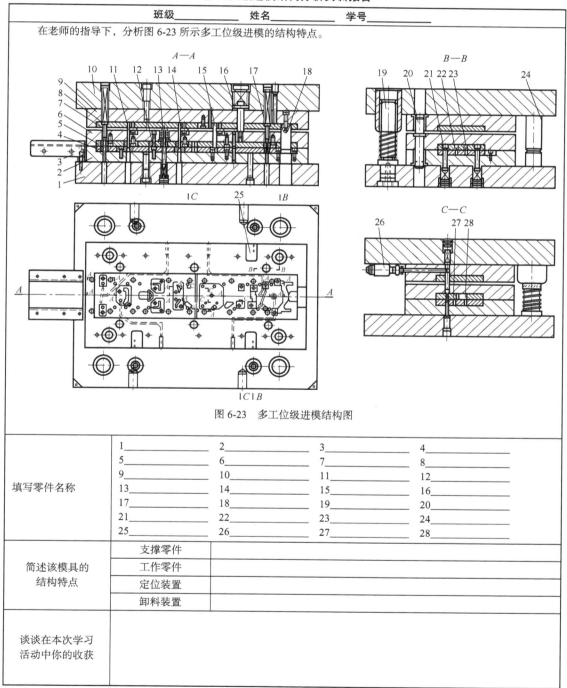

图 6-23　多工位级进模结构图

填写零件名称	1_____ 5_____ 9_____ 13_____ 17_____ 21_____ 25_____	2_____ 6_____ 10_____ 14_____ 18_____ 22_____ 26_____	3_____ 7_____ 11_____ 15_____ 19_____ 23_____ 27_____	4_____ 8_____ 12_____ 16_____ 20_____ 24_____ 28_____
简述该模具的结构特点	支撑零件			
	工作零件			
	定位装置			
	卸料装置			
谈谈在本次学习活动中你的收获				

项目七

冲压工艺规程的编制

≡ 学习任务

学习冲压工艺规程的编制,小组研讨表7-9中计算机机箱侧盖的冲压工艺规程编制的实训报告。

➤ 学习目标

- 通过阅读冲压工艺卡片,掌握冲压工艺方案所确定的主要内容;
- 通过实例训练,能熟练掌握冲压工艺规程编制的步骤;
- 具备编制中等复杂冲件的冲压工艺规程的能力。

➤ 设备及工具

- 工艺卡片;
- 托架零件(或托架零件图片)。

➤ 学习过程

步骤一　阅读冲压工艺过程卡

在老师的引导下,分组讨论表7-1所示的冲压工艺过程卡中的内容。

┘ 讨论 ┕

表7-1是图7-1所示的汽车玻璃升降器外壳的冲压工艺规程,零件材料为08钢,料厚为1.5mm,中批量生产。

该工艺过程卡包括如下内容:

① 条料尺寸规格;

② 冲压工序顺序;

③ 各步骤的工序尺寸;

④ 各步骤的设备规格;

⑤ 其他管理相关信息,如产品型号、签字等。

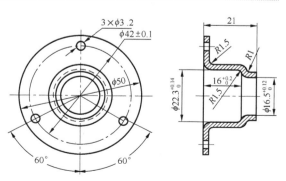

图7-1　汽车玻璃升降器外壳

表 7-1　　　　　　　　　　　　　　　　冲压工艺过程卡

（厂名）	冲压工艺卡	产品型号		零部件名称		共　　页
		产品名称	玻璃升降器外壳	零部件型号		第　　页

材料牌号和规格	材料技术要求	坯料尺寸	每个坯料可制零件数	毛坯重量	辅助材料
08 钢 (1.5 ± 0.11) × 900 × 1800		条料 1.5 × 69 × 1800	27 件		

工序号	工序名称	工序内容	加工简图	设备	工艺装备	工时
1	落料拉深	落料和首次拉深		JC23-25	落料拉深复合模	
2	拉深	二次拉深		JC23-10	拉深模	
3	拉深	三次拉深兼整形		JC23-25	拉深模	
4	冲孔	冲 $\phi 11$ 孔		JC23-10	冲孔模	
5	翻孔	翻孔兼整形		JC23-10	翻孔模	
6	冲孔	冲 3 个 $\phi 3.2$ 孔		JC23-10	冲孔模	
7	切边	切凸缘达尺寸要求		JC23-10	切边模	
8	检验	按零件图检验				

					绘制（日期）	审核（日期）	会签（日期）

标记	处数	更改文件号	签字	日期	标记	处数	更改文件号	签字	日期			

　　冲压工艺方案就是针对具体的冲压件恰当地选择各工序的性质，正确确定坯料尺寸、工序数目、工序件尺寸，合理安排冲压工序的先后顺序和工序的组合形式，以及所需设备和装备。

步骤二　探讨冲压工艺规程编制内容

冲压工艺方案的编制应在收集、调查研究并掌握有关设计的原始资料基础上进行。冲压工艺的原始资料主要包括冲压件或产品图、制件材料信息、产品的生产批量、冲压设备条件、模具制造水平等。

」讲解 ∟

1. 冲压件或产品图

冲压件产品图是设计冲压工艺方案的主要依据，依据产品图的形状、尺寸、技术要求进行全面分析，以便准确设计合理的工艺方案。

在有些情况下客户提供的是冲压件，此时就需要进行测绘。一些简单的制件可以依靠简单的量具进行测量，然后再绘制它的图形。应该保证制件特征表达完整，尺寸标注合理，根据制件的结构特点、用途，合理分析它的技术要求。测绘图纸必须经客户讨论、认可之后，方可实施工艺方案的设计，在条件允许的情况下，应加工手扳件（首制件），既能检验制品测绘的准确性，又能为模具设计提供可靠的参数。复杂制件常用三坐标测量仪或扫描仪进行精密测量，依据测量数据创建三维模型，再通过快速成形加工手扳件和原制件进行比较分析。

2. 制件材料信息

制件材料信息主要包括材料的性能（力学性能和工艺性能）、供应状况（供应的尺寸规格、价格情况等）、坯料形式、下料方式等。

3. 产品的生产批量

产品的生产批量是工艺方案设计重点考虑的内容之一，它直接影响到工艺组合方法的确定和模具类型的选择。

4. 冲压设备条件

理论上，模具设计过程中需要选用设备。而实际上，是模具配用企业现有的冲压设备。所以充分了解企业的冲压设备类型、规格、先进程度，是确定工序组合程度、选择各工序压力机型号、确定模具类型的主要依据。

5. 模具制造水平

模具制造水平和企业的模具制造设备及人力资源状况密切相关。模具制造水平决定了企业的模具生产能力，从而影响工序组合程度、模具结构和加工精度的确定。工艺方案设计时需要充分考虑这个因素，如级进模制造对设备精度或操作工人技术水平的要求相对较高，而现有条件无法满足时，就需要修正工艺方案。

步骤三　分析工艺方案设计流程

具备了工艺方案设计条件后，设计冲压工艺方案的一般流程如下。

1. 冲压件工艺性分析

冲压件工艺性分析包括两个方面，即可行性分析和经济性分析。

（1）可行性分析

根据产品图，了解冲压件的形状、尺寸、精度要求和材料性能，判断是否符合冲压工艺要求，裁定该冲压件加工的难易程度，确定是否需要采取特殊的工艺措施。经过分析，发现冲压工艺性较差的（如零件形状过于复杂，尺寸精度和表面质量要求太高，尺寸标注和基准选择不合理，材料选择不当等），可会同产品设计人员，在保证使用性能的前提下，对冲压件的形状、尺寸、精度要求和原材料做必要的修改。如图 7-2（a）所示，零件左端 R3mm 在料厚 4mm 的条件下很难冲压出来，经修改的零件（见图 7-2（b））就比较容易冲压加工。图 7-3 所示为汽车消声器后盖，在满足使用要求的前提下经过修改，其形状简单，工艺性好，冲压工序由 8 次减为 2 次，材料消耗也减少一半。图 7-4 所示的汽车大灯外壳，修改前需要 5 次拉深，酸洗，2 次退火；修改后的灯壳，一次拉深成形，既保证了使用要求又节省了材料，减少了工序，降低了成本。

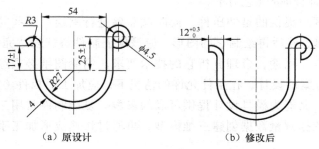

图 7-2　冲压零件图

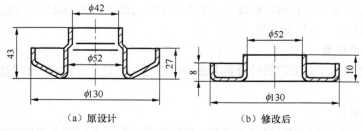

图 7-3　汽车消声器后盖

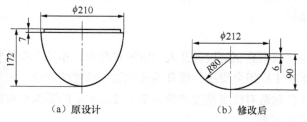

图 7-4　汽车前大灯外壳

⌐ 拓展 ∟

冲压件工艺性和生产批量有一定关系。例如，图 7-5（a）所示零件，原设计是由两个弯曲件焊接而成，在小批量生产时可以加工，但是在大批量生产中就会导致效率降低、成本提高，如果把零件变更为图 7-5（b）所示的一个整体零件，工艺过程变得简单了，效率明显提高了，也节约了材料，降低了成本。

（2）经济性分析

冲压加工的经济性建立在可行性的前提下，尽量降低材料和模具的成本，提高经济效益。在冲压工艺方案设计中，主要考虑的问题是如何降低成本。因为产品的成本不仅和材料费（包括原材料费、外购件费）、加工费（包括工人工资、能源消耗、设备折旧费、管理费等）有关，而且和模具费密切相关。一副模具的造价从几万到上百万不等，所以必须采取有效措施降低制造成本。

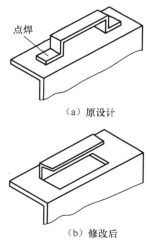

（a）原设计

（b）修改后

图 7-5 零件图

① 小批量生产的成本问题。在试制和小批量冲压生产中，降低模具费是降低成本的有效措施。除制件质量要求严格，必须采用高价的复杂模具外，一般采用工序分散的工艺方案。选择结构简单、制造快且成本低的手钣模。

② 工艺合理化。在冲压生产中，工艺合理是降低成本的有力手段。由于工艺的合理化能降低模具费，节约加工工时，降低材料费，所以必然降低零件总成本。

在制订工艺时，工序的分散和集中是比较复杂的问题。它取决于零件的批量、结构（形状）、质量要求、工艺特定等。一般情况下，大批量或结构尺寸小的零件生产时，应尽量把工序集中起来，采用复合模或级进模进行冲压，既能提高生产效率，又能保障安全生产。

根据实践经验，集中到复合模中的工序数量不宜过多，以防模具结构过于复杂而降低模具的加工性和维护性。

③ 多个工件同时成形。产量较大时，采用多个工件同时冲压，可以使模具费、材料费和加工费降低，同时有利于成形表面所受拉力均匀化。具备套冲条件的（如电机定子和转子），应当首先考虑一模多件的加工工艺。

④ 冲压过程的自动化和高速化。从安全和降低成本两方面看，自动化生产将成为冲压加工的发展方向，今后不仅在大量生产中可以采用自动化，在小批量生产中也可以采用自动化。在大批量生产中采用自动化时，虽然模具费用较高，但生产率高，产量大，分摊到每个工件上的模具折旧费和加工费比单件小批量生产时要低。从生产安全性考虑，在小批量多品种生产中采用自动化也是可取的，但自动化的经济性问题仍待研究。

⑤ 降低材料费。在冲压生产中，工件的原材料费占制造成本的 60% 左右，所以节约原材料，利用废料具有非常重要的意义。提高材料利用率是降低冲压制件制造成本的重要措施之一，特别是材料单价高的工件，这一点尤为重要。

在允许的条件下，降低材料费可以从以下几个方面着手：降低材料厚度，降低材料单价，改进毛坯形状，合理排样，较少搭边，采用无废或少废排样，组合排样，利用废料等。

⑥ 节约模具成本。模具费在工件制造成本中占较大比例。对于小批量生产，适合采用简易模，因为它的结构简单、制造快速、造价较低，所以能降低模具费，从而降低工件制造成本。

在大批量生产中，应尽量采用高效率、长寿命的硬质合金模和级进模。

对于中批量生产，应首先考虑冲模的标准化，大力应用冲模标准件和典型结构，最大限度地缩短模具设计和制造的周期。

2. 总体工艺方案的确定

工艺方案的确定，是在分析了冲压件的工艺性以后进行的重要环节。确定工艺方案主要包括冲压加工的工序性质、工序数量、工序顺序、工序的组合方式等。确定冲压工艺方案要考虑多方面因素，有时还要进行必要的工艺计算，因此实际生产中通常提出几种可能的方案，进行分析比较后确定最佳方案。

（1）冲压工序性质的确定

生产中有不少冲压件，可以根据它的形状特征，直观地判断出所需的工序性质。例如，图 7-6（a）所示的平板零件，所需的基本工序有落料、冲孔；图 7-6（b）所示的弯曲零件，所需的基本工序有切断、弯曲；图 7-6（c）所示的拉深零件，所需的基本工序有落料、拉深、切边。

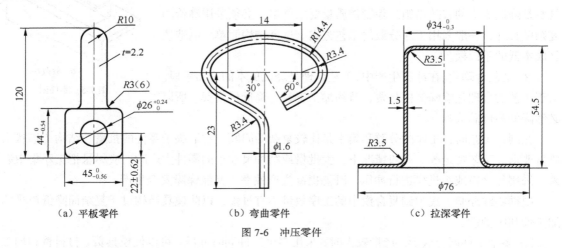

（a）平板零件　　　　（b）弯曲零件　　　　（c）拉深零件

图 7-6　冲压零件

有些零件必须结合工艺计算和变形趋向性的分析，才能正确确定所需的冲压基本工序。图 7-7 所示的油封内夹圈和油封外夹圈都是翻孔件，两个零件的材料都是 08 钢，料厚为 1.5mm。两个制件形状相同，但尺寸不同。通过直接观察，可初步判断它们都需要落料、冲孔、翻孔 3 道基本工序。实际上图 7-7（b）所示的外夹圈按平板预冲孔后翻孔，它的翻孔系数小于极限翻孔系数，不能满足平板预冲孔后翻孔的要求。所以上述 3 道基本工序不能满足这个零件的成形需要，宜改为在拉深件底部冲孔后再翻孔的工艺方法，来保证零件的直壁高度。因此，油封外夹圈的冲压工艺过程应为落料、拉深、冲孔、翻孔。它比内夹圈多了一道拉深工序。

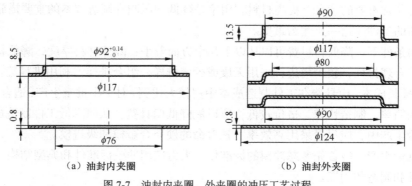

（a）油封内夹圈　　　　（b）油封外夹圈

图 7-7　油封内夹圈、外夹圈的冲压工艺过程

对于非对称零件（见图 7-8），小批量生产可以采用 V 形弯曲冲压，但大批量生产时为便于冲

压成形和定位，常采用成对冲压的方法，成形后增加一道切断分离工序。

落料　　　　　弯曲　　　　　冲孔　　　　　分离

图 7-8　成对冲压的工艺过程

（2）冲压工序数量的确定

工序数量是指同一性质的工序重复进行的次数。工序数量主要取决于零件几何形状复杂程度、尺寸精度要求、材料性能、模具强度等，并和工序性质相关。

冲裁件的冲压次数主要和零件的几何复杂程度、孔间距和孔的数量有关。形状简单的零件，采用一次落料和冲孔工序；形状复杂的零件，常把内、外轮廓分成几个部分，用几副模具或用级进模分段冲裁，因而工序数量由孔间距、孔的位置和孔的数量多少决定。

弯曲件的弯曲次数一般根据弯曲件结构形状的复杂程度、弯曲角的数量、弯曲的相对弯曲半径和弯曲方向来决定。

拉深件的拉深次数主要根据零件的形状、尺寸和极限变形程度，经过拉深工艺计算确定。其他成形件，主要根据具体形状和尺寸以及极限变形程度来决定。

保证冲压稳定性也是确定工序数量不可忽视的问题。工艺稳定性比较差时，冲压加工废品率增高，而且对原材料、设备性能、模具精度和操作水平的要求也会严格一些。为此，在保证冲压工艺合理的前提下，应适当增加成形工序的次数（如增加修边工序、预冲工艺孔等）。降低变形程度，提高冲压工艺的稳定性。

确定冲压工序的数量还应考虑生产批量的大小、零件的精度要求、工厂现有的模具制造条件和冲压设备情况。综合考虑上述要求后，确定出既经济又合理的工序数量。

（3）工序顺序的安排

冲压工序顺序的安排，主要根据它的冲压变形性质、零件质量要求等来确定。如果工序顺序的变更不影响零件质量，则应根据操作、定位、模具结构等因素确定。

① 对于带孔的或有缺口的冲裁件，如果选用单工序模冲裁，一般先落料再冲孔或切口；使用级进模时，则应先冲孔或切口，再落料。如果工件上同时存在直径不等的大小两个孔，而且距离又较近，则应先冲大孔再冲小孔。

② 对于带孔的弯曲件，孔位于弯曲变形以外，可以先冲孔再弯曲；孔位于弯曲变形区附近或以内时，必须先弯曲再冲孔；孔间距受弯曲回弹的影响时，也应先弯曲再冲孔。

③ 对于带孔的拉深件，一般先拉深再冲孔；当孔的位置在工件的底部，而且孔径尺寸精度要求不高时，也可以先冲孔再拉深。

④ 在冲压成形过程中，当零件有公差要求的特征，一般应在成形后冲出，否则无法得到稳定而且准确的尺寸。

⑤ 需要经数道冲压工序成形的零件，它的形状是逐步形成的。每道工序都是把坯料的一部分变成零件的一部分，最后把坯料冲压成为成品零件。为使每道工序都能顺利地产生预期的变形，就必须使每道工序中应该变形的部分处于相对的"弱区"，即遵循"弱区必先变形，变形区应为弱

区"的基本规律。

图 7-9 所示为调温器外壳的冲压工艺过程。第一道工序成形的 ϕ60mm 侧壁和锥形部分是零件的最终尺寸。以后的工序被这部分划分为内、外两部分。冲孔和翻孔都在内部进行，翻孔直径 ϕ34mm 和低孔直径 ϕ20.6mm 之间的环形部分是弱区。在弱区变形时，锥形部分和翻孔直径 ϕ34mm 以外的部分是强区，不产生变形。R5 整形至 R0.5 是在已成形部分的外部进行，此时翻孔直径 ϕ68mm 的圆筒形是强区，不产生变形。如果把翻孔直径 ϕ20.6mm 的孔工序安排在拉深前，势必造成变形区转移到应为强区的内部（即成为翻孔变形），或内、外都是变形区，这样就使变形达不到预期的目的。

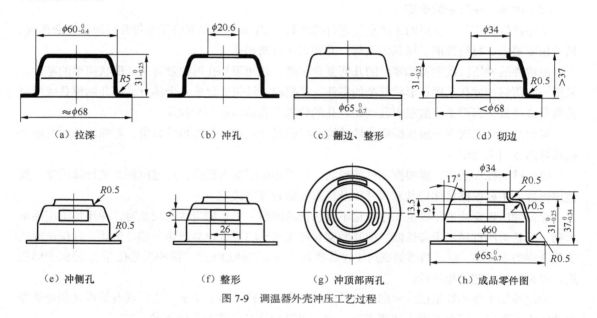

（a）拉深　　　　　（b）冲孔　　　　　（c）翻边、整形　　　　　（d）切边

（e）冲侧孔　　　　　（f）整形　　　　　（g）冲顶部两孔　　　　　（h）成品零件图

图 7-9 调温器外壳冲压工艺过程

（4）工序的组合

对多工序加工的冲压件制订工艺方案时，必须考虑是否采取组合工序，工序组合的程度如何，怎样组合。这些问题的解决取决于冲压件的生产批量、尺寸大小、精度等级、设备能力等。一般而言，料厚、小批量、大尺寸、低精度的零件适合单工序生产，使用单工序模；薄料、大批量、小尺寸、精度不高的零件适合工序组合，使用级进模；精度高的零件，使用复合模。另外，尺寸过大或过小的零件在小批量生产时，也适合将工序组合，使用复合模。

① 工序组合后，应保证冲出的形状和尺寸精度都符合产品要求。图 7-10 所示的拉深件，当上部孔径较大，而且孔边和筒壁距离也较大时，可以把落料、拉深和冲孔组合成复合工序冲压。

② 工序组合后应保证模具有足够的强度。例如，孔边距较小的冲孔落料复合和浅拉深件的落料拉深复合，受到凸凹模壁厚的限制；落料、冲孔、翻孔的复合，受到模具强度的限制。

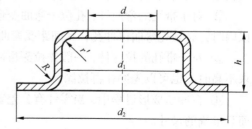

图 7-10 底部孔径较大的拉深件

另外，工序组合应与冲压设备条件相适应，不给模具制造和维修带来困难。

工序组合的数量不宜太多，对于复合模，一般是 2～3 道工序，级进模工序数可多一些。表 7-2 和表 7-3 分别为常见的复合冲压工序组合方式和级进冲压工序组合方式。

表 7-2　　　　　　　　　　　　　　复合冲压工序组合方式

序号	工序组合方式	模具结构简图	序号	工序组合方式	模具结构简图
1	落料和冲孔	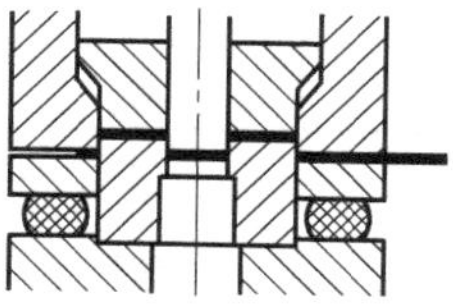	6	落料拉深和切边	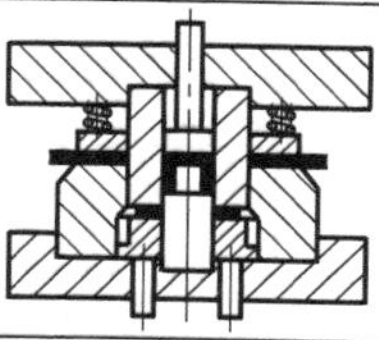
2	切断和弯曲	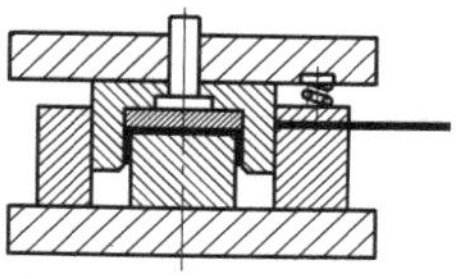	7	冲孔和切边	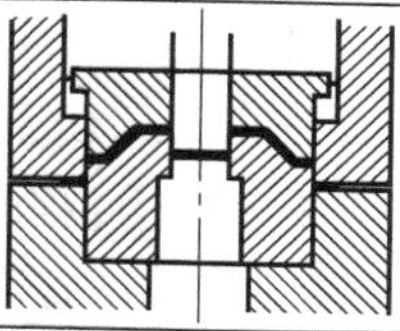
3	切断弯曲和冲孔	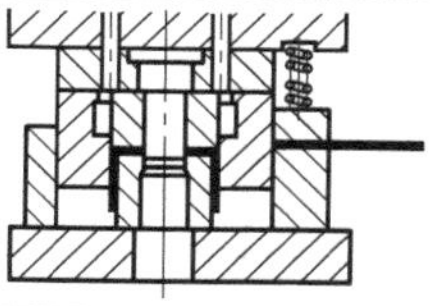	8	落料拉深和冲孔	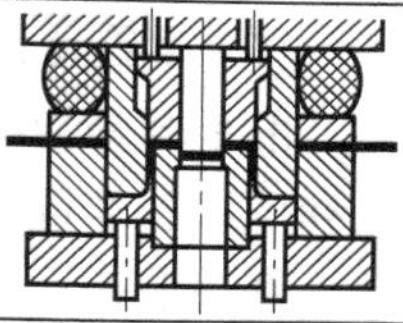
4	落料和拉深	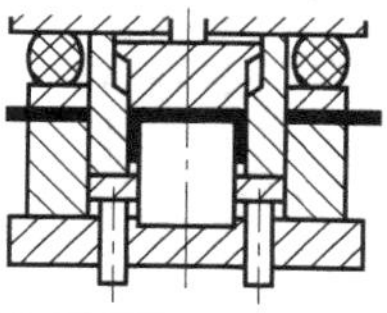	9	落料拉深、冲孔和翻边	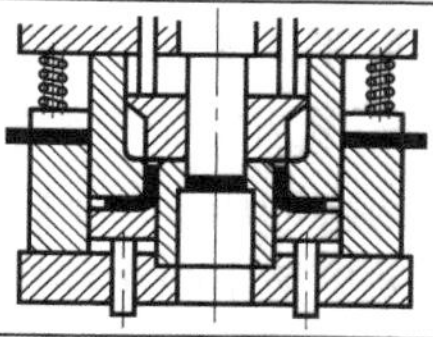
5	冲孔和翻孔	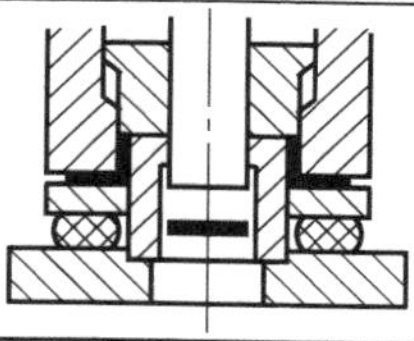	10	落料成形和冲孔	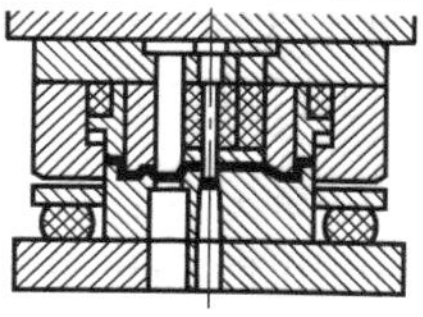

表 7-3　　　　　　　　　　　　　　级进冲压工序组合方式

序号	工序组合方式	模具结构简图	序号	工序组合方式	模具结构简图
1	冲孔和落料	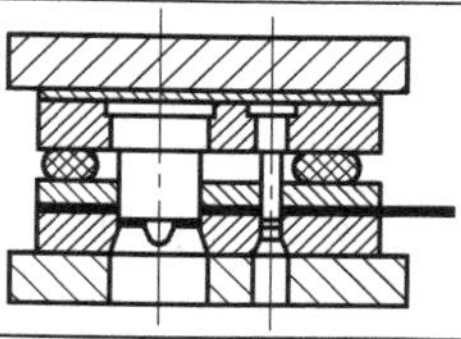	4	连续拉深和落料	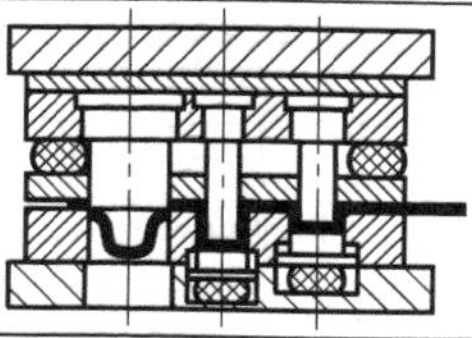
2	冲孔和切断	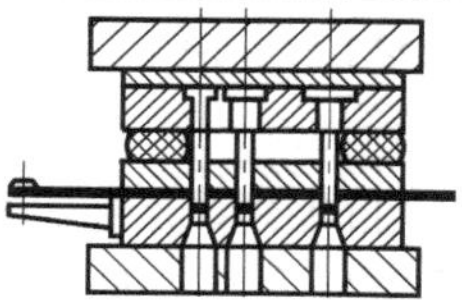	5	冲孔、翻孔和落料	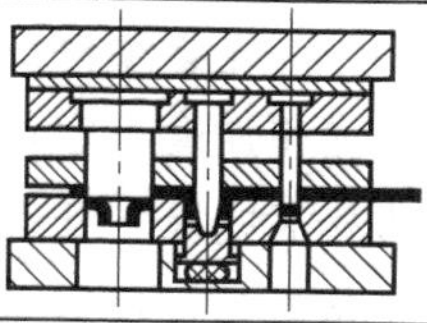
3	冲孔、弯曲和切断	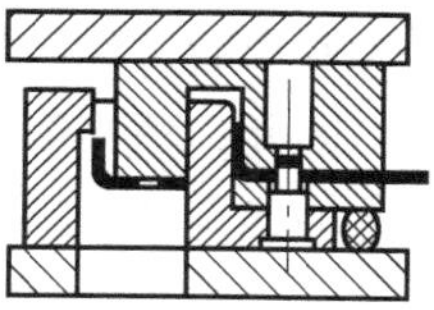	6	冲孔、切断和弯曲	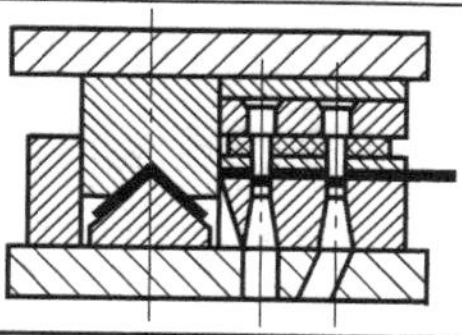

续表

序号	工序组合方式	模具结构简图	序号	工序组合方式	模具结构简图
7	冲孔、翻孔和落料		9	冲孔、压印和落料	
8	冲孔和切断		10	连续拉深、冲孔和落料	

（5）工艺过程的定位

多工序冲压必须解决操作中的定位问题，零件的精度和它关系非常大。冲压工艺过程的定位要尽量做到基准重合和同一基准。

基准重合是指尽可能使定位基准和设计基准重合。如图 7-11 所示，零件上有 4 个孔，它的设计基准是 A 和 B 两边，如果以 A 和 B 两边定位，4 个孔一次冲压或两次冲压，符合基准重合原则。但如果采用两次冲压并分别以 A、B 和 A、C 定位，这是为了保证尺寸（395 ± 0.5）mm，必须进行尺寸换算，把 $650_{-2.0}^{0}$ mm 改为（649 ± 0.3）mm，把（395 ± 0.5）mm 改成由（254 ± 0.2 mm）来控制。显然，由于基准不重合，工

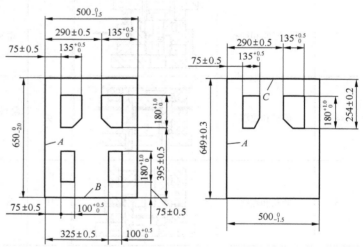

图 7-11　定位基准和设计基准的关系

件精度需要提高。为了避免这种情况的出现，最好采用前一种冲压方法。

（6）冲压工艺的稳定性

冲压工艺的稳定性是冲压工艺过程制订不可忽视的问题。如果工艺性差，就会导致废品率增高。影响冲压工艺稳定性的因素很多，除了工艺过程设计合理性外，还与材料厚度和力学性能的波动、模具制造误差、定位可靠性、设备精度、润滑条件的变化等因素有关。工艺过程的设计，首先必须保证冲压工艺过程的合理性，充分考虑到冲压成形的规律、冲压件的精度、模具结构和强度、定位和操作等对冲压工艺的要求，因为这些要求得不到满足，工艺稳定性就得不到基本保证。在这个基础上，提高冲压工艺稳定性的主要措施是适当降低冲压成形工序的变形程度，避免在接近极限变形程度的情况下成形，否则，冲压加工条件的微小变化将引起零件形状和尺寸的变化，甚至不能成形。例如，翻孔和胀形时，如果到达极限变形程度，材料性能的波动或其他加工条件的微小变化都会导致破裂。因此，适当降低变形程度，可以避免对原材料、设备、模具和操作的苛刻要求，从而提高工艺的稳定性。这一点对于流水线大批量生产尤为重要。

3. 工序件形状和尺寸的确定

根据上述顺序和原则确定了基本的工艺方案后，应当确定每道工序的成品或半成品的形状和尺寸。对于形状复杂，需要多道成形工序的冲压件，工序件是坯料和成品零件之间的过渡件。在成形过程中，每个工序件都可以分为两部分：已成形部分，它的形状和尺寸与成品零件相同；待成形部分，它的形状与尺寸与成品不同，是过渡性的。虽然过渡性部分在冲压加工完成后就完全消失了，但是它对每道冲压工序的成败和冲压件质量有极大的影响，因而必须认真加以确定。确定工序件过渡性部分的形状和尺寸，需要考虑的问题是多方面的。

（1）根据极限变形系数确定工序尺寸

不同的冲压成形工序具有不同的变形性质，它的极限变形系数也不同。生产中受极限变形系数限制的成形是很多的，如拉深、胀形、翻边、缩口等，它们的直径、高度、圆角半径等都受极限变形系数的限制。图 7-12 所示为出气阀罩盖的冲压工艺，它的第 1 道拉深工序的直径 $\phi22\text{mm}$ 就是根据极限拉深系数计算得出的。

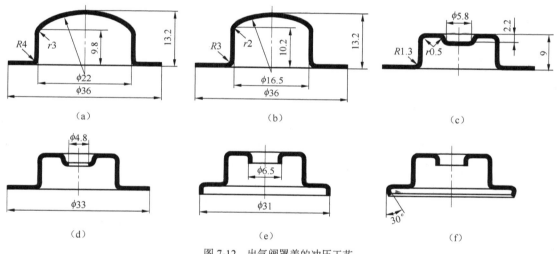

图 7-12　出气阀罩盖的冲压工艺

（2）工序件的过渡形状应有利于下道工序的冲压成形

图 7-12（c）所示的凹坑直径过小（$\phi5.8\text{mm}$），如果把第 2 道拉深工序后的工序件做成平底形状，则压凹坑时只能产生局部胀形，所需材料不容易或不能从相邻部分得到补充，导致无法一次成形。现在把第 2 道拉深工序后的工序件做成球形状，形成储料，以顺利形成凹坑。

图 7-12（c）所示的第 2 道拉深所得工序件中，$\phi6.5\text{mm}$ 的圆筒形部分和成品零件相同，在以后的各道工序中不再变形。其余部分属于过渡部分。被圆筒形部分隔开的内、外部分的表面积，应可以满足以后各道工序里形成零件相应部分的需要，不能从其他部分来补充金属，但也不能过剩。

（3）工序件形状和尺寸必须考虑成形后零件表面的质量

有时工序件的尺寸会直接影响到成品零件的表面质量。例如，多次拉深的工序件底部或凸缘处的圆角半径过小，会在成品零件圆角处留下完全变薄的痕迹。如果零件表面质量要求较高，则圆角半径就不应取得太小。板料冲压成形的零件产生表面质量问题的原因是多方面的，其中多工序过渡尺寸不适合是一个原因，尤其对于复杂形状的零件。

4. 冲压设备的选择

（1）设备类型的选择

设备类型的选择主要根据所要完成的冲压工艺性质、生产批量、冲压件的尺寸和精度要求等。

中、小型冲裁件、弯曲件或拉深件等，主要选用开式单柱（或双柱）的机械压力机。大、中型冲压件，多选用双柱闭式机械压力机，包括通用压力机和专用的挤压压力机、精压机、双动压力机等。大批量生产中，尤其是对于大型厚板件的成形工序，多采用液压机。

摩擦压力机结构简单，造价低，行程不是固定的，在冲压件的校平或整形时不会因为板料厚度的波动而引起设备或模具的损坏。因而，在小批量生产中，摩擦压力机常用来进行弯曲、成形或校平、整形等工作。

对于薄板冲裁、精密冲裁等，应注意选择刚度和精度高的压力机，以保护模具精度和保证冲压件质量。对于校正弯曲、整形、挤压等冲压工艺应选择刚度好的机械压力机，以提高冲压件的尺寸精度。

（2）设备技术参数的选择

压力机技术参数的选择主要是依据冲压件尺寸、变形力大小和模具尺寸，并进行必要的校核。

5. 冲压工艺文件的编写

冲压工艺文件主要是冲压工艺过程卡和冲压工序卡。冲压工艺过程卡综合表达了冲压工艺设计的内容，是模具设计的重要依据。冲压工艺过程卡表示整个零件冲压工艺过程的相关内容；冲压工序卡表示具体每道工序的有关内容。在大批量生产中，需要制订每个零件的冲压工艺过程卡和冲压工序卡；成批和小批量生产中，一般只制订冲压工艺过程卡。

冲压工艺过程卡见表 7-4，它的格式、内容和填写规则可参照 JB/187.3—82 标准等指导性技术文件。冲压工艺过程卡的主要内容包括工序号、工序名称、工序内容、加工简图、工艺装备、设备型号、材料牌号和规格、工时定额等。

表 7-4　　　　　　　　　　冲压工艺过程卡

（厂名）		冲压工艺卡	产品型号		零部件名称		共　　页
			产品名称		零部件型号		第　　页
材料牌号和规格		材料技术要求		坯料尺寸	每个坯料可制零件数	毛坯重量	辅助材料
工序号	工序名称	工序内容		加工简图		设备型号	工艺装备	工时
1								
2								
3								
4								
					绘制（日期）	审核（日期）	会签（日期）
标记	处数	更改文件号	签字	日期	标记	处数	更改文件号	签字	日期

对一些重要的冲压件工艺制订和模具设计，应编写设计计算说明书，以供审阅和备查。设计

计算说明书应简明而全面地记录：冲压工艺性分析和结论，毛坯展开尺寸计算，排样方式及其经济性分析，工艺方案的分析比较和确认，工序性质和冲压次数的确定，半成品形状和尺寸的计算，模具类型和结构形式的分析，模具主要零件材料的选择，技术要求和强度要求，凸、凹模工作部分尺寸和公差的确定，冲压力的计算和压力中心的确定，冲压设备的选择的依据和结论，弹性元件的选择计算等。必要时，说明书中可插图表示。

步骤四 练习冲压工艺编制实例

1. 零件的工艺性分析

图 7-13 所示为一个简单的支撑托架，通过孔 $\phi 6mm$、$\phi 8mm$ 分别与同心轴和机身相连。零件工作时受力不大，对强度、刚度和精度要求不高，零件形状简单对称，中批量生产，由冲裁和弯曲成形。冲压难点在于四角弯曲回弹较大，制件变形较大，但通过模具措施可以控制。

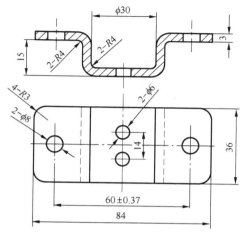

图 7-13 托架

该零件的具体冲压工艺性分析如表 7-5 所示。

表 7-5   冲压工艺性分析

种 类	工艺性质	工艺项目	工艺性允许值	工艺性评价
材料	冲压性能	08 钢	常用材料范围	冲压工艺性好
冲裁工艺性	形状	落料外形 36×102		符合工艺性
		冲圆孔 $\phi 6$、$\phi 8$		
	圆角	$R3$	$\geqslant 1t$	
	孔径	$\phi 6$、$\phi 8$	$\geqslant 1.5t$	
	孔边距	$b_{min} = 8$	$\geqslant (1 \sim 1.5)t$	
弯曲工艺性	形状	四角弯曲，对称		
	相对半径	$r/t = 4/3$	$\geqslant 0.1t$（垂直纤维）	
	孔边距	$\phi 6$ 为 8mm	$\geqslant 1.5t$	
		$\phi 8$ 为 4mm	$\geqslant 1.5t$	不满足，所以先弯曲后冲孔
精度	尺寸	2-$\phi 8$ 孔心距 60±0.37 为 IT9	允许尺寸公差 60±1.2	为保证精度，先弯曲后冲孔
		其他为 IT14		符合工艺性

2. 冲压工艺方案的确定

从零件的结构形状可知，零件所需的冲压基本工序是落料、冲孔和弯曲。根据零件特定的工艺要求，可有如下冲压工艺方案。

方案 1：冲 2-$\phi 6$mm 孔和落料复合→弯曲两外角→弯曲两内角→冲 2-$\phi 8$mm 孔，如图 7-14 所示。

方案 2：冲 2-$\phi 6$mm 孔和落料复合→弯曲两外角预弯两内角 45°→弯曲两内角→冲 2-$\phi 8$mm 孔，如图 7-15 所示。

方案 3：冲 2-$\phi 6$mm 孔和落料复合→弯曲 4 个角→冲 2-$\phi 8$mm 孔，如图 7-16 所示。

方案 4：冲 2-$\phi 6$mm 孔和落料复合→两次弯曲 4 个角（复合模）→冲 2-$\phi 8$mm 孔，如图 7-17 所示。

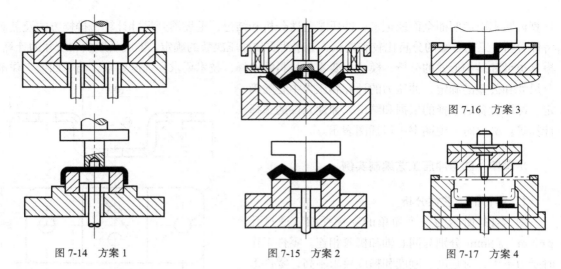

图 7-14　方案 1　　　　　　　　图 7-15　方案 2　　　　　　　　图 7-16　方案 3

图 7-17　方案 4

方案 5：冲 2-ϕ6mm、2-ϕ8mm 孔和落料复合→两次弯曲 4 个角（复合模）。

方案 6：工序合并，采用带料级进冲压。

方案性能比较见表 7-6。考虑到零件精度不高，批量不大，回弹对它的影响不大，可以采用校正弯曲控制回弹，所以选择方案 4。

表 7-6　　　　　　　　　　　　　　冲压工艺方案比较

项　　目	方案 1	方案 2	方案 3	方案 4	方案 5	方案 6
模具结构	简单	简单	较复杂	较复杂	复杂	复杂
模具寿命		弯曲摩擦大，寿命低	寿命长			
冲件质量	有回弹，可以控制，形状尺寸精度较差	四角同时弯曲，回弹不易控制，划痕严重	预压内角回弹小，形状尺寸精度较好，表面质量较好	有回弹，可以控制	有回弹，可以控制	有回弹，可以控制，表面质量好
模具数量	4	3	4	3	2	1
生产效率	低	较高	低	较高	高	最高

3. 主要工艺计算

（1）计算坯料尺寸

如图 7-18 所示，坯料展开尺寸计算如下：

$$L = 2L_1 + 2L_2 + L_3 + 4L_4 = 2 \times 20 + 2 \times 4 + 22 + 4 \times 8 = 102\text{mm}$$

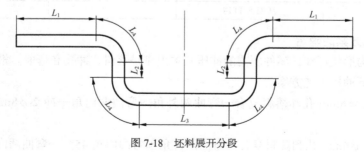

图 7-18　坯料展开分段

（2）排样和裁板方案

坯料形状是矩形，采用单排最合适。取搭边 $a = 2.8\text{mm}$，$a_1 = 2.4\text{mm}$。

条料宽度 $B = 102 + 2 \times 2.8 = 107.6\text{mm}$

步距 $\qquad$ $S = 36 + 2.4 = 38.48$mm

板料选用规格 3mm × 900mm × 2000mm

① 纵裁法。

每板条料数 $n_1 = 900/107.6 = 8$ 条（余 39.2mm）

每条制件数 $n_2 = (2000 - 2.8)/38.4 = 52$ 件

$39.2 \times 2\,000$ 余料利用件数 $\quad n_3 = \dfrac{2\,000}{107.6} = 18$ 件（余 63.2mm）

每板制件数 $\quad n = n_1 \times n_2 + n_3 = 8 \times 25 + 18 = 434$ 件

材料利用率 $\quad \eta = \dfrac{434 \times (36 \times 102 - 2\pi \times 6^2 - 2\pi \times 8^2)}{900 \times 2\,000} = 88.54\%$

② 横裁法。

每板条料数 $\quad n_1 = 2\,000/107.6 = 18$ 条（余 63.2mm）

每条制件数 $\quad n_2 = (900 - 2.8)/38.4 = 52$ 件（余 14mm）

63.2×900 余料利用件数 $\quad n_3 = \dfrac{900}{107.6} = 8$ 件

每板制件数 $\quad n = n_1 \times n_2 + n_3 = 8 \times 23 + 8 = 422$ 件

材料利用率 $\quad \eta = \dfrac{422 \times (36 \times 102 - 2\pi \times 6^2 - 2\pi \times 8^2)}{900 \times 2000} = 86.09\%$

由此可见，纵裁法材料利用率高，但横裁法弯曲线和纤维方向垂直，弯曲性能好。08 钢的塑性好，为提高效率，降低成本，选用纵向单排。

（3）计算冲压力

冲压力的相关计算如表 7-7 所示。

表 7-7 　　　　　　　　　　　　冲压力计算

工　序	项　目	计　算　过　程	结　果	选用冲床	备　注
落料冲孔复合工序	冲裁力 F	$F = KLt\tau_b$ $= 1.3 \times (2 \times 36 + 2 \times 102 + 2 \times 6\pi) \times 3 \times 260$	318 071N	公称压力选 400kN；型号可选 JC23-40	$\tau_b = 260$MPa
	卸料力 F_X	$F_X = K_X F$ $= 0.05 \times 318\,071$	15 903N		K_X 取 0.05
	推件力 F_T	$F_X = nK_T F$ $= 3 \times 0.05 \times 318\,071$	47 710N		K_T 取 0.05 $n = h/t = 8/3$ 取 3
	冲压力 F_Z	$F_Z = F + F_X + F_T$ $= 318\,071 + 15\,903 + 47\,710$	381 684N		弹性卸料，下出件
弯曲工序	自由弯曲力 P_1	$P_1 = \dfrac{0.7KBt^2\sigma_b}{R+t}$ $= \dfrac{0.7 \times 1.3 \times 36 \times 3^2 \times 338}{4 \times 3}$	14 236N	公称压力选 400kN；型号可选 JC23-40	二次弯曲，按 U 形件弯曲计算
	校正弯曲力 P_2	$P_2 = gF$ $= (84 \times 36) \times 80$	241 920N		
	冲压力 P_z	$P_Z = P_1 + P_2$ $= 14236 + 241920$	256 156N		

续表

工 序	项 目	计 算 过 程	结 果	选用冲床	备 注
冲 2-ϕ8 孔工序	冲裁力 F	$F = KLt\tau_b$ $= 1.3 \times 2 \times 8\pi \times 3 \times 260$	50 943N	公称压力 选 100kN； 型号可选 JC23-10	$\tau_b = 260$MPa
	推件力 F_T	$F_X = nK_T F$ $= 3 \times 0.05 \times 50\,943$	7 641N		F_T 取 0.05 $n = h/t = 8/3$ 取 3
	冲压力 F_Z	$F_Z = F + F_T = 50\,943 + 7641$	58 584N		弹性卸料，下出件

4. 填写冲压工艺过程卡

填写冲压工艺过程卡如表 7-8 所示。

表 7-8　　　　　　　　　　　　冲压工艺过程卡

（厂名）	冲压工艺卡	产品型号		零部件名称		共　　页
		产品名称		零部件型号		第　　页

材料牌号和规格	材料技术要求	坯料尺寸	每个坯料可制零件数	毛坯重量	辅助材料
08 钢 (3 ± 0.11) × 900 ×2 000		条料 3 × 107.6 ×2 000	52 件		

工序号	工序名称	工序内容	加工简图	设备型号	工艺装备	工时
1	冲孔落料	冲 2-ϕ6 孔和落料复合		JC23-40	落料冲孔复合模	
2	弯曲校正	先弯曲外角后弯曲内角		JC23-40	二次弯曲模	
3	冲孔	冲 2-ϕ8		JC23-10	冲孔模	
4	检验	按零件图检验				
				绘制 （日期）	审核 （日期）	会签 （日期）

标记	处数	更改文件号	签字	日期	标记	处数	更改文件号	签字	日期

项 目 训 练

小组研讨总结学习体会，编制表 7-9 中计算机机箱侧盖的冲压工艺规程。

表 7-9　　　　　　　　　计算机机箱侧盖的冲压工艺规程编制实训报告

班级_____　姓名_____　学号_____

图 7-19 所示为计算机机箱侧盖，材料为 A3 钢板，厚度为 0.6mm，生产批量是大批量。试设计它的冲压工艺方案。

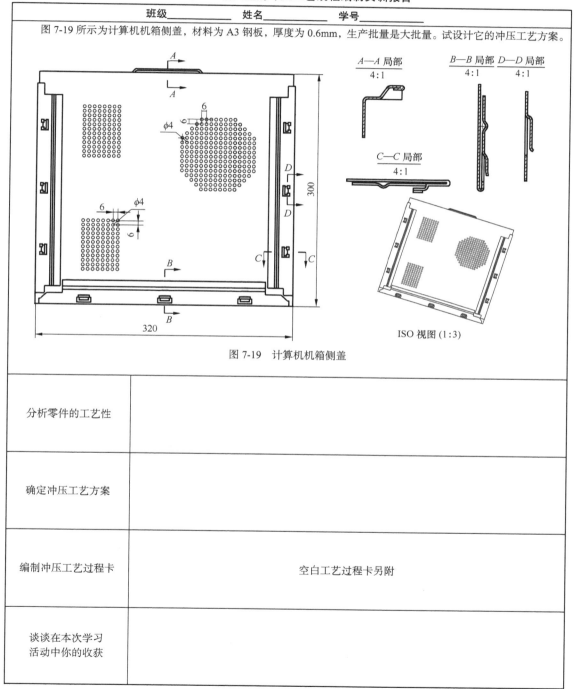

图 7-19　计算机机箱侧盖

分析零件的工艺性	
确定冲压工艺方案	
编制冲压工艺过程卡	空白工艺过程卡另附
谈谈在本次学习活动中你的收获	

参考文献

［1］　《冲模设计手册》编写组. 冲模设计手册. 北京：机械工业出版社，1999
［2］　肖祥芷，王孝培. 中国模具设计大典（第3卷）. 南昌：江西科学技术出版社，2003
［3］　欧阳波仪. 现代冷冲模设计基础实例. 北京：化学工业出版社，2006
［4］　薛啟翔等. 冲压模具设计制造难点与窍门. 北京：机械工业出版社，2003
［5］　模具实用技术丛书编委会. 冲模设计应用实例. 北京：机械工业出版社，1999
［6］　彭建声，秦晓刚. 模具技术问答. 北京：机械工业出版社，2003
［7］　王新华，袁联富. 冲模结构图册. 北京：机械工业出版社，2003
［8］　翁其金. 冲压工艺与冲模设计. 北京：机械工业出版社，1999
［9］　张铮. 冲压自动化. 成都：电子科技大学出版社，2000